Materiais manipulativos
para o ensino de
FIGURAS PLANAS

Organizadoras

Katia Cristina Stocco Smole
Doutora em Educação, área de Ciências e Matemática pela FE-USP

Maria Ignez de Souza Vieira Diniz
Doutora em Matemática pelo Instituto de Matemática e Estatística da USP

Autoras

Fernanda Anaia Gonçalves
Especialista em Fundamentos do Ensino da Matemática pela parceria Mathema/Unifran

Ligia Baptista Gomes
Licenciada em Matemática pela Fundação Santo André

Sonia Maria Pereira Vidigal
Mestre em Educação, área de Ciências e Matemática pela FE-USP

Aviso
A capa original deste livro foi substituída por esta nova versão. Alertamos para o fato de que o conteúdo é o mesmo e que a nova versão da capa decorre da adequação ao novo layout da Coleção Mathemoteca.

M425	Materiais manipulativos para o ensino de figuras planas / Autoras, Fernanda Anaia Gonçalves, Ligia Baptista Gomes, Sonia Maria Pereira Vidigal ; Organizadoras, Katia Stocco Smole, Maria Ignez Diniz . – Porto Alegre : Penso, 2016.
	176 p. il. color. ; 23 cm. – (Coleção Mathemoteca ; v. 4).
	ISBN 978-85-8429-076-5
	1. Matemática – Práticas de ensino. 2. Figuras planas. I. Gonçalves, Fernanda Anaia. II. Gomes, Ligia Baptista. III. Vidigal, Sonia Maria Pereira. IV. Smole, Katia Stocco. V. Diniz, Maria Ignez.
	CDU 514.112

Catalogação na publicação: Poliana Sanchez de Araujo – CRB 10/2094

ORGANIZADORAS
Katia Stocco Smole
Maria Ignez Diniz

Materiais manipulativos
para o ensino de
FIGURAS PLANAS

Autoras
Fernanda Anaia Gonçalves
Ligia Baptista Gomes
Sonia Maria Pereira Vidigal

penso

2016

© Penso Editora Ltda., 2016

Gerente editorial: *Letícia Bispo de Lima*

Colaboraram nesta edição

Editora: *Priscila Zigunovas*

Assistente editorial: *Paola Araújo de Oliveira*

Capa: *Paola Manica*

Projeto gráfico: *Juliana Silva Carvalho/Atelier Amarillo*

Editoração eletrônica: *Kaéle Finalizando Ideias*

Ilustrações: *Ivo Minkovicius*

Fotos: *Silvio Pereira/Pix Art*

Reservados todos os direitos de publicação à PENSO EDITORA LTDA., uma empresa do GRUPO A EDUCAÇÃO S.A.

Av. Jerônimo de Ornelas, 670 - Santana
90040-340 - Porto Alegre - RS
Fone: (51) 3027-7000 Fax: (51) 3027-7070

Unidade São Paulo

Av. Embaixador Macedo Soares, 10.735 - Pavilhão 5 - Cond. Espace Center
Vila Anastácio - 05095-035 - São Paulo - SP
Fone: (11) 3665-1100 Fax: (11) 3667-1333

SAC 0800 703-3444 - www.grupoa.com.br

É proibida a duplicação ou reprodução deste volume, no todo ou em parte, sob quaisquer formas ou por quaisquer meios (eletrônico, mecânico, gravação, fotocópia, distribuição na Web e outros), sem permissão expressa da Editora.

IMPRESSO NO BRASIL
PRINTED IN BRAZIL

Apresentação

Professores interessados em obter mais envolvimento de seus alunos nas aulas de matemática sempre buscam novos recursos para o ensino. Os materiais manipulativos constituem um dos recursos muito procurados com essa finalidade.

Desde que iniciamos nosso trabalho com formação e pesquisa na área de ensino de matemática, temos investigado, entre outras questões, a importância dos materiais estruturados.

Com esta Coleção, buscamos dividir com vocês, professores, nossa reflexão e nosso conhecimento desses materiais manipulativos no ensino, com a clareza de que nossa meta está na formação de crianças e jovens confiantes em suas habilidades de pensar, que não recuam no enfrentamento de situações novas e que buscam informações para resolvê-las.

Nesta proposta de ensino, os conteúdos específicos e as habilidades são duas dimensões da aprendizagem que caminham juntas. A seleção de temas e conteúdos e a forma de tratá-los no ensino são decisivas; por isso, a escolha de materiais didáticos apropriados e a metodologia de ensino é que permitirão o trabalho simultâneo de conteúdos e habilidades. Os materiais manipulativos são apenas meios para alcançar o movimento de aprender.

Esperamos dar nossa contribuição ao compartilhar com vocês, professores, nossas reflexões, que, sem dúvida, podem ser enriquecidas com sua experiência e criatividade.

As autoras

Sumário

1 Materiais didáticos manipulativos **9**
   Introdução 9
   A importância dos materiais manipulativos 10
      A criança aprende o que faz sentido para ela 11
      Os materiais são concretos para o aluno 11
      Os materiais manipulativos são representações de ideias matemáticas ... 12
      Os materiais manipulativos permitem aprender matemática 13
   A prática para o uso de materiais manipulativos 14
   Nossa proposta 15
      Produção de textos pelo aluno 16
      Painel de soluções 18
      Uma palavra sobre jogos 19
   Para terminar 20

2 Materiais didáticos manipulativos para o ensino de Figuras Planas **23**
   Espaço e Forma no Ensino Fundamental I 23
   O modelo Van Hiele 25
   Para além do modelo Van Hiele 28
   Na prática 30
   Figuras planas 31

3 Atividades de Figuras Planas com materiais didáticos manipulativos **39**
   Geoplano 41
      1. Conhecendo o geoplano 43
      2. Qual é a figura? 47
      3. Formando figuras 49
      4. Completando figuras 53
      5. Construindo no geoplano I 57
      6. Construindo no geoplano II 61
      7. Figuras simétricas 63
      8. Criando figuras I 67
      9. Comparando tamanhos 69
      10. Completando a simetria 73
      11. Criando figuras II 77

Mosaico 79
    1. Explorando as peças 83
    2. Decomposição de hexágonos e trapézios 87
    3. Preenchendo silhuetas 89
    4. Os quadriláteros 93
    5. Quadradinhos e quadradões 95
    6. Compondo figuras 97
    7. Caminhos do rei 101
    8. Quantos eixos de simetria cada peça tem? 105
    9. Completando 109

Tangram 113
    1. Conhecendo o Tangram 115
    2. O quadrado das sete peças 119
    3. Uma peça forma a outra 121
    4. Um Tangram de triângulos 123
    5. Descobrindo lados de figuras 127
    6. Quadriláteros com o Tangram 129
    7. Uma composição de polígonos 133
    8. Formando polígonos com o Tangram 135
    9. As diagonais dos polígonos 139
    10. Desafio dos polígonos 143
    11. Preenchendo os espaços do Tangram 147
    12. Tangram, desafio! 151
    13. Mais polígonos com o Tangram 155
    14. Medindo com o Tangram 159

4 Materiais **163**
    Mosaico 164
    Tangram 167
    Malha pontilhada 168
    Papel quadriculado 169

Referências **170**

Leituras recomendadas **172**

Índice de atividades (ordenadas por ano escolar) **174**

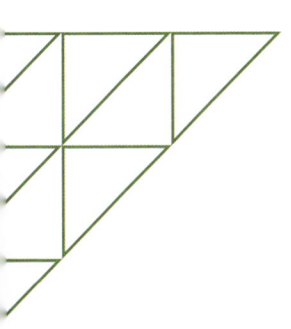

Materiais didáticos manipulativos

Introdução

A proposta de utilizar recursos como modelos e materiais didáticos nas aulas de matemática não é recente. Desde que Comenius (1592-1670) publicou sua *Didactica Magna* recomenda-se que recursos os mais diversos sejam aplicados nas aulas para "desenvolver uma melhor e maior aprendizagem". Nessa obra, Comenius chega mesmo a recomendar que nas salas de aula sejam pintados fórmulas e resultados nas paredes e que muitos modelos sejam construídos para ensinar geometria.

Nos séculos seguintes, educadores como Pestalozzi (1746-1827) e Froëbel (1782-1852) propuseram que a atividade dos jovens seria o principal passo para uma "educação ativa". Assim, na concepção destes dois educadores, as descrições deveriam preceder as definições e os conceitos nasceriam da experiência direta e das operações que o aprendiz realizava sobre as coisas que observasse ou manipulasse.

São os reformistas do século XX, principalmente Claparède, Montessori, Decroly, Dewey e Freinet, que desenvolvem e sistematizam as propostas da Escola Nova. O sentido dessas novas ideias é o da criação de canais de comunicação e interferência entre os conhecimentos formalizados e as experiências práticas e cotidianas de vida. Toda a discussão em torno da questão do método, de uma nova visão de como se aprende, continha a ideia de um religamento entre os conhecimentos escolares e a vida, uma reaproximação do pensamento com a experiência.

Sem dúvida, foi a partir do movimento da Escola Nova – e dos estudos e escritos de John Dewey (1859-1952) – que as preocupações com as experiências de aprendizagem ganharam força. Educadores como Maria Montessori (1870-1952) e Decroly (1871-1932), inspirados nos trabalhos de Dewey, Pestalozzi e Froëbel, criaram inúmeros jogos e materiais que tinham como objetivo melhorar o ensino de matemática.

O movimento da Escola Nova foi uma corrente pedagógica que teve início na metade do século XX, sendo renovador para a época, pois questionava o enfoque pedagógico da escola tradicional, fazendo oposição ao ensino centrado na tradição, na cultura intelectual e abstrata, na obediência, na autoridade, no esforço e na concorrência.

A Escola Nova tem como princípios que a educação deve ser efetivada em etapas gradativas, respeitando a fase de desenvolvimento da criança, por meio de um processo de observação e dedução constante, feito pelo professor sobre o aluno. Nesse momento, há o reconhecimento do papel essencial das crianças em todo o processo educativo, pré-disponibilizadas para aprender mesmo sem a ajuda do adulto, partindo de um princípio básico: a criança é capaz de aprender naturalmente. Ganham força nesse movimento a experiência, a vivência e, consequentemente, os materiais manipulativos em matemática, por permitirem que os alunos aprendessem em processo de simulação das relações que precisavam compreender nessa disciplina.

Importante lembrar também que, a partir dos trabalhos de Jean Piaget (1896-1980), os estudos da escola de Genebra revolucionaram o mundo com suas teorias sobre a aprendizagem da criança. Seguidores de Piaget, como Dienes (1916-), tentaram transferir os resultados das pesquisas teóricas para a escola por meio de materiais amplamente divulgados entre nós, como os Blocos Lógicos.

Assim, os materiais didáticos há muito vêm despertando o interesse dos professores e, atualmente, é quase impossível que se discuta o ensino de matemática sem fazer referência a esse recurso. No entanto, a despeito de sua função para o trabalho em sala de aula, seu uso idealizado há mais de um século não pode ser aceito hoje de forma irrefletida. Outras são as nossas concepções de aprendizagem e vivemos em outra sociedade em termos de acesso ao conhecimento e da posição da criança na escola e na sociedade.

A importância dos materiais manipulativos

Entre as formas mais comuns de representação de ideias e conceitos em matemática estão os materiais conhecidos como **manipulativos** ou **concretos**.

Desde sua idealização, esses materiais têm sido discutidos e muitas têm sido as justificativas para sua utilização no ensino de matemática. Vamos, então, procurar relacionar os argumentos do passado, que deram origem aos materiais manipulativos na escola, com sua significação para o ensino hoje.

A criança aprende o que faz sentido para ela

No passado, dizia-se que os materiais facilitariam a aprendizagem por estarem próximos da realidade da criança. Atualmente, uma das justificativas comumente usadas para o trabalho com materiais didáticos nas aulas de matemática é a de que tal recurso torna o processo de aprendizagem significativo.

Ao considerar sobre o que seja aprendizagem significativa, Coll (1995) afirma que, normalmente, insistimos em que apenas as aprendizagens significativas conseguem promover o desenvolvimento pessoal dos alunos e valorizamos as propostas didáticas e as atividades de aprendizagem em função da sua maior ou menor potencialidade para promover aprendizagens significativas.

Os pressupostos da aprendizagem significativa são:
- o aluno é o verdadeiro agente e responsável último por seu próprio processo de aprendizagem;
- a aprendizagem dá-se por descobrimento ou reinvenção;
- a atividade exploratória é um poderoso instrumento para a aquisição de novos conhecimentos porque a motivação para explorar, descobrir e aprender está presente em todas as pessoas de modo natural.

No entanto, Coll (1995) alerta para o fato de que não basta a exploração para que se efetive a aprendizagem significativa. Para esse pesquisador, construir conhecimento e formar conceitos significa compartilhar significados, e isso é um processo fortemente impregnado e orientado pelas formas culturais. Dessa forma, os significados que o aluno constrói são o resultado do trabalho do próprio aluno, sem dúvida, mas também dos conteúdos de aprendizagem e da ação do professor.

Assim é que de nada valem materiais didáticos na sala de aula se eles não estiverem atrelados a objetivos bem claros e se seu uso ficar restrito apenas à manipulação ou ao manuseio que o aluno quiser fazer dele.

Os materiais são concretos para o aluno

A segunda justificativa que costumamos encontrar para o uso dos materiais é a de que, por serem manipuláveis, são concretos para o aluno.

Alguns pesquisadores, ao analisar o uso de materiais concretos e jogos no ensino da matemática, dentre eles Miorim e Fiorentini (1990), alertam para o fato de que, a despeito do interesse e da utilidade que os professores veem em tais recursos, o concreto para a criança não significa necessariamente materiais manipulativos. Encontramos em Machado (1990, p. 46) a seguinte observação a respeito do termo "concreto":

> Em seu uso mais frequente, ele se refere a algo material manipulável, visível ou palpável. Quando, por exemplo, recomenda-se a

utilização do material concreto nas aulas de matemática, é quase sempre este o sentido atribuído ao termo concreto. Sem dúvida, a dimensão material é uma importante componente da noção de concreto, embora não esgote o seu sentido. Há uma outra dimensão do concreto igualmente importante, apesar de bem menos ressaltada: trata-se de seu conteúdo de significações.

Como é possível ver, é muito relativo dizer que "materiais concretos" significam melhor aprendizagem, pois manipular um material não é sinônimo de concretude quanto a fazer sentido para o aluno, nem garantia de que ele construa significados. Pois, como disse Machado (1990), o concreto, para poder ser assim designado, deve estar repleto de significações.

De fato, qualquer recurso didático deve servir para que os alunos aprofundem e ampliem os significados que constroem mediante sua participação nas atividades de aprendizagem. Mas são os processos de pensamento do aluno que permitem a mediação entre os procedimentos didáticos e os resultados da aprendizagem.

Os materiais manipulativos são representações de ideias matemáticas

Desde sua origem, os materiais são pensados e construídos para realizar com objetos aquilo que deve corresponder a ideias ou propriedades que se deseja ensinar aos alunos. Assim, os materiais podem ser entendidos como representações materializadas de ideias e propriedades. Nesse sentido, encontramos em Lévy (1993) que a simulação desempenha um importante papel na tarefa de compreender e dar significado a uma ideia, correspondendo às etapas da atividade intelectual anteriores à exposição racional, ou seja, anteriores à conscientização. Algumas dessas etapas são a imaginação, a bricolagem mental, as tentativas e os erros, que se revelam fundamentais no processo de aprendizagem da matemática.

Para o referido autor, a simulação não é entendida como a ação desvinculada da realidade do saber ou da relação com o mundo, mas antes um aumento de poderes da imaginação e da intuição. Nas situações de ensino com materiais, a simulação permite que o aluno formule hipóteses, inferências, observe regularidades, ou seja, participe e atue em um processo de investigação que o auxilia a desenvolver noções significativamente, ou seja, de maneira refletida.

Um fato importante a destacar é que o caráter dinâmico e refletido esperado com o uso do material pelo aluno não vem de uma única vez, mas é construído e modificado no decorrer das atividades de aprendizagem. Além disso, toda a complexa rede comunicativa que se estabelece entre os participantes, alunos e professor, intervém no sentido que os alunos conseguem atribuir à tarefa proposta com um material didático.

Uma vez que a compreensão matemática pode ser definida como a habilidade para representar uma ideia matemática de múltiplas maneiras e fazer conexões entre as diferentes representações dessa ideia, os materiais são uma das representações que podem auxiliar na construção dessa rede de significados para cada noção matemática.

Os materiais manipulativos permitem aprender matemática

De certa forma, essa razão bastante difundida de que os materiais permitem melhor aprendizagem em matemática foi em parte explicada anteriormente, quando enfatizamos que a forma como as atividades são propostas e as interações do aluno com o material é que permitem que, pela reflexão, ele se apoie na vivência para aprender.

No entanto, a linguagem matemática também se desenvolve quando são utilizados os materiais manipulativos, isso porque os alunos naturalmente verbalizam e discutem suas ideias enquanto trabalham com o material.

Não há dúvida de que, ao refletir sobre as situações colocadas e discutir com seus pares, a criança estabelece uma negociação entre diferentes significados de uma mesma noção. O processo de negociação solicita a linguagem e os termos matemáticos apresentados pelo material. É pela linguagem que o aluno faz a transposição entre as representações implícitas no material e as ideias matemáticas, permitindo que ele possa elaborar raciocínios mais complexos do que aqueles presentes na ação com os objetos do material manipulativo. Pela comunicação falada e escrita se estabelece a mediação entre as representações dos objetos concretos e as das ideias.

Os alunos estarão se comunicando sobre matemática quando as atividades propostas a eles forem oportunidades para representar conceitos de diferentes formas e para discutir como as diferentes representações refletem o mesmo conceito. Por todas essas características das atividades com materiais, o trabalho em grupo é elemento essencial na prática de ensino com o uso de materiais manipulativos.

Concluindo, de acordo com Smole (1996, p. 172):

> Dadas as considerações feitas até aqui, acreditamos que os materiais didáticos podem ser úteis se provocarem a reflexão por parte das crianças de modo que elas possam criar significados para ações que realizam com eles. Como afirma Carraher (1988), não é o uso específico do material com os alunos o mais importante para a construção do conhecimento matemático, mas a conjunção entre o significado que a situação na qual ele aparece tem para a criança, as suas ações sobre o material e as reflexões que faz sobre tais ações.

A prática para o uso de materiais manipulativos

Como foi apresentado anteriormente, a forma como as atividades envolvendo materiais manipulativos são trabalhadas em aula é decisiva para que eles auxiliem os alunos a aprender matemática.

Segundo Smole (1996, p. 173):

> Um material pode ser utilizado tanto porque a partir dele podemos desenvolver novos tópicos ou ideias matemáticas, quanto para dar oportunidade ao aluno de aplicar conhecimentos que ele já possui num outro contexto, mais complexo ou desafiador. O ideal é que haja um objetivo para ser desenvolvido, embasando e dando suporte ao uso. Também é importante que sejam colocados problemas a serem explorados oralmente com as crianças, ou para que elas em grupo façam uma "investigação" sobre eles. Achamos ainda interessante que, refletindo sobre a atividade, as crianças troquem impressões e façam registros individuais e coletivos.

Isso significa que as atividades devem conter boas perguntas, ou seja, que constituam boas situações-problema que permitam ao aluno ter seu olhar orientado para os objetivos a que o material se propõe.

Mas a seleção de um material para a sala de aula deve promover também o envolvimento do aluno não apenas com as noções matemáticas, mas com o lúdico que o material pode proporcionar e com os desafios que as atividades apresentam ao aluno.

Lembramos mais uma vez que, como recurso para a aprendizagem, os materiais didáticos manipulativos não são um fim em si mesmos. Eles apoiam a atividade que tem como objetivo levar o aluno a construir uma ideia ou um procedimento pela reflexão.

Alguns materiais manipulativos: cartas especiais, geoplano, cubos coloridos, sólidos geométricos, frações circulares, ábaco, mosaico e fichas sobrepostas.

Nossa proposta

Em todo o texto apresentado até aqui, duas perspectivas metodológicas formam a base do projeto dos materiais manipulativos para aprender matemática: a utilização dos recursos de **comunicação** e a proposição de **situações-problema**.

Elas se aliam e se revelam, neste texto, na descrição das etapas de cada atividade ou jogo. São sugeridos os encaminhamentos da atividade na forma de questões a serem propostas aos alunos antes, durante e após a atividade propriamente dita, assim como a melhor forma de apresentação do material.

É muito importante destacar a ênfase nos recursos de **comunicação**, ou seja, os alunos são estimulados a falar, escrever ou desenhar para, nessas ações, concretizarem a reflexão tão almejada nas atividades. Isso se justifica porque, ao tentar se comunicar, o aluno precisa organizar o pensamento, perceber o que não entendeu, confrontar-se com opiniões diferentes da sua, posicionar-se, ou seja, refletir para aprender.

Em várias atividades é solicitado aos alunos que exponham suas produções em painéis, murais, varais ou, até mesmo, no *site* da escola, quando ele existir. Isso permite a cada aluno conhecer outras percepções e representações da mesma atividade, além de buscar aperfeiçoar seu registro em função de ter leitores diversos e tão ou mais críticos do que ele próprio, para comunicar bem o que foi realizado ou pensado.

Diversas formas de registro são propostas ao longo das atividades, com diversidade de formas e explicações sobre como os alunos devem se organizar. Muitas vezes, são propostas **rodas de conversa** para que os alunos troquem entre si suas descobertas e aprendizagens. Assim, também é sugerido o que chamamos de **painel de soluções**, na forma de mural na classe ou fora dela, ou simplesmente no quadro, no qual os alunos apresentam diversas resoluções de uma situação e são solicitados a falar sobre elas e apreciar outras formas de resolver uma situação ou interpretar uma propriedade estudada.

Da experiência junto a alunos nas aulas de matemática e dos estudos teóricos desenvolvidos, um caminho bastante interessante é o de aliar o uso desses materiais à perspectiva metodológica da resolução de problemas. Ou seja, é pela problematização ou por meio de boas perguntas que o aluno compreende relações, estabelece sentidos e conhecimentos a partir da ação com algum material que representa de forma concreta uma noção, um conceito, uma propriedade ou um procedimento matemático.

As atividades propostas no capítulo 3 exemplificam o sentido da problematização, que é sempre orientada pelos objetivos que se quer alcançar com a atividade. Assim, planejamento é essencial, pois é o estabelecimento claro de objetivos que permite perguntas adequadas e avaliação coerente.

Mas isso não é o suficiente; a aprendizagem requer sistematização, momentos de autoavaliação do aluno no sentido de tornar consciente o que foi aprendido e o que falta aprender; por isso, propomos que, além da problematização, os recursos da comunicação estejam presentes nas atividades com os materiais.

A oralidade e a escrita são aliadas que permitem ao aluno consolidar para si o que está sendo aprendido e, por isso, propomos mais dois recursos para complementar as atividades com os materiais manipulativos: a **produção de textos** pelo aluno e o **painel de soluções**.

Produção de textos pelo aluno

De acordo com Cândido (2001, p. 23), a escrita na forma de texto, desenhos, esquemas, listas constitui um recurso que possui duas características importantes:

> A primeira delas é que a escrita auxilia o resgate da memória, uma vez que muitas discussões orais poderiam ficar perdidas sem o registro em forma de texto. Por exemplo, quando o aluno precisa escrever sobre uma atividade, uma descoberta ou uma ideia, ele pode retornar a essa anotação quando e quantas vezes achar necessário.
> A segunda característica do registro escrito é a possibilidade da comunicação a distância no espaço e no tempo e, assim, de troca de informações e descobertas com pessoas que, muitas vezes, nem conhecemos. Enquanto a oralidade e o desenho restringem-se àquelas pessoas que estavam presentes no momento da atividade, ou que tiveram acesso ao autor de um desenho para elucidar incompreensões de interpretação, o texto escrito amplia o número de leitores para a produção feita.

O objetivo da produção do texto é que determina como e quando ele será solicitado ao aluno.

A produção pode ser individual, coletiva ou em grupo, dependendo da dificuldade da atividade, do que os alunos sabem ou precisam saber e dos objetivos da produção.

Ao propor a produção do texto ao final de uma atividade com um material didático, o professor pode perceber em quais aspectos da atividade os alunos apresentam mais incompreensões, em que pontos avançaram, se o que era essencial foi compreendido, que intervenções precisará fazer.

Antes de iniciar um novo tema com o auxílio de determinado material didático, o professor pode investigar o que o aluno já sabe para poder organizar as ações docentes de modo a retomar incompreensões, imprecisões ou ideias distorcidas referentes a um assunto e, ao mesmo tempo, avaliar quais avanços podem ser feitos. Esse registro pode ser revisto pelo aluno, que poderá incluir, após o final da unidade didática, suas aprendizagens, seus avanços, comparando com a primeira versão do texto.

Para uma sistematização das noções, a produção de textos pode ser proposta ao final da unidade didática, com a produção de uma síntese, um resumo, um parecer sobre o tema desenvolvido, no qual apareçam as ideias centrais do que foi estudado e compreendido.

> Auto-Avaliação - sobre prismas e pirâmides.
>
> Já usei que os prismas e as pirâmides são sólidos geométricos, não rolam, os prismas tem faces planas e paralelas, as pirâmides tem faces laterais triângulares.
>
> Na sala de aula, aprendi muitas coisas com os prismas e as pirâmides, fiz um trabalho em grupo que o objetivo era para montar 3 prismas diferentes, um cubo de palitos e massa de modelar, outro só de massa de modelar e outro de papel. E um outro trabalho que fiz foi para separar os sólidos em 2 grupos e explicar como separou.
>
> Uma dica para contar as faces, vértices e arestas é sempre deixar o sólido de pé, porque se deixá-la deitado você vai se confundir com o número de faces vértices e arestas.
>
> As partes do sólido são as faces, os vértices e as arestas, que são muito importantes em algumas atividades de Matemática.
>
> Enfim, eu adorei aprender muitas coisas sobre os prismas e sobre as pirâmides. Os prismas são os cubos, paralelepípedo. As pirâmides são, a pirâmide de base quadrada, pirâmide de base hexagonal.

Texto produzido por aluna de 4º ano como autoavaliação sobre prismas e pirâmides.

Ao produzir esses textos, os alunos devem perceber seu caráter de fechamento, a importância de apresentar informações precisas, incluir as ideias centrais, representativas do que ele está estudando.

Para o aluno, a produção de texto tem sempre a função de: organizar a aprendizagem; fazer refletir sobre o que aprendeu; construir a memória da aprendizagem; propiciar uma autoavaliação; desenvolver habilidades de escrita e de leitura.

Nessa perspectiva, enquanto o aluno adquire procedimentos de comunicação e conhecimentos matemáticos, é natural que a linguagem matemática seja desenvolvida.

As primeiras propostas de textos devem ser mais simples, mas devem servir para resumir ou organizar as ideias de uma aula. Bilhetes, listas, rimas, problemas são exemplos de tipos de textos que podem ser propostos aos alunos.

Depois de analisadas e discutidas (ver **Painel de soluções**, a seguir), é recomendável que essas produções sejam arquivadas pelo aluno em cadernos, pastas e livros individuais, em grupo ou da classe.

O importante é que essas produções de algum modo sejam guardadas para serem utilizadas sempre que preciso. Isso garante autoria, faz com que os alunos ganhem memória sobre sua aprendizagem, valorizem as produções pessoais e percebam que o conhecimento em matemática é um processo vivo, dinâmico, do qual eles também participam.

Painel de soluções

Na produção individual ou em duplas de desenhos, textos e, muito especialmente, no registro das atividades e na resolução de problemas, os alunos podem aprender com maior significado e avançar em sua forma de escrever ou desenhar se suas produções são expostas e analisadas no coletivo do grupo classe.

O **painel de soluções**, na forma de um mural ou espaço em uma parede da sala, ou ainda como um varal, é o local onde são expostas todas as produções dos alunos. Eles, em roda em torno desse mural, são convidados a ler os registros de colegas, e alguns deles convidados a falar sobre suas produções. É importante que tanto registros adequados quanto aqueles que estão confusos ou incompletos sejam lidos pelo grupo ou explicados por seu autor, num ambiente em que todos podem falar e ser ouvidos; cada aluno pode aprender com o outro e ampliar seu repertório de formas de registro.

Para Cavalcanti (2001, p. 137):

> Mesmo que algumas estratégias não estejam completamente corretas, é importante que elas também sejam afixadas para que, através da discussão, os alunos percebam que erraram e como é possível avançar. A própria classe pode apontar caminhos para que os colegas sintam-se incentivados a prosseguir.

Esse material deve ficar visível e ser acessível a todos por um tempo determinado pelo professor, em função do interesse dos alunos e das contribuições que ele pode trazer àqueles que ainda têm dificuldade para registrar o que pensam ou de como passar para o papel a forma como realizaram ou resolveram determinada situação.

Com o painel, há o exercício da oralidade quando cada aluno precisa apresentar sua resolução. O autor de cada produção precisa argumentar a favor ou contra uma forma de registro ou resposta, convencendo ou sendo convencido da validade do que pensou e produziu.

De acordo com Quaranta e Wolman (2006), a discussão em sala de aula a partir de uma mesma atividade pensada por todos os alunos e com mediação do professor tem como finalidade que o aluno tente compreender procedimentos e formas de pensar de outros, compare diferentes formas de resolução, analise a eficácia de procedimentos realizados por ele mesmo e adquira repertório de ideias para outras situações.

Exemplo de painel com soluções dos alunos para a formação de figuras com diferentes quantidades de triângulos do Tangram.

É muito importante que a discussão a partir do painel seja feita desde que todos os alunos tenham trabalhado com a mesma atividade, de modo que possam contribuir com suas ideias e dúvidas e nenhum deles fique para trás nesse momento de aprendizagem colaborativa.

Uma palavra sobre jogos

Os jogos são importantes recursos para favorecer a aprendizagem de matemática. Nesta Coleção, eles aparecem junto com um dos materiais manipulativos ou com apoio da calculadora.

Existem muitas concepções de jogo, mas nos restringiremos a uma delas, os chamados jogos de regras, descritos por vários pesquisadores, entre eles Kamii e DeVries (1991), Kishimoto (2000) e Krulic e Rudnick (1983).

As características dos jogos de regras são:
- O jogo deve ser para dois ou mais jogadores; portanto, é uma atividade que os alunos realizam juntos.
- O jogo tem um objetivo a ser alcançado pelos jogadores, ou seja, ao final deve haver um vencedor.
- A violação das regras representa uma falta.
- Havendo o desejo de fazer alterações, isso deve ser discutido com todo o grupo. No caso de concordância geral, podem ser feitas alterações nas regras, o que gera um novo jogo.

- No jogo deve haver a possibilidade de usar estratégias, estabelecer planos, executar jogadas e avaliar a eficácia desses elementos nos resultados obtidos.

Os jogos de regras podem ser entendidos como situações-problema, pois, a cada movimento, os jogadores precisam avaliar as situações, utilizar seus conhecimentos para planejar a melhor jogada, executar a jogada e avaliar sua eficiência para vencer ou obter melhores resultados.

No processo de jogar, os alunos resolvem muitos problemas e adquirem novos conhecimentos e habilidades. Investigar, decidir, levantar e checar hipóteses são algumas das habilidades de raciocínio lógico solicitadas a cada jogada, pois, quando se modificam as condições do jogo, o jogador tem que analisar novamente toda a situação e decidir o que fazer para vencer.

Os jogos permitem ainda a descoberta de alguma regularidade, quando aos alunos é solicitado que identifiquem o que se repete nos resultados de jogadas e busquem descobrir por que isso acontece. Por fim, os jogos têm ainda a propriedade de substituir com grande vantagem atividades repetitivas para fixação de alguma propriedade numérica, das operações, ou de propriedades de figuras geométricas.

Nesta Coleção, com o objetivo de potencializar a aprendizagem, aliamos os jogos à resolução de problemas e aos registros escritos ou à exposição de ideias e argumentos oralmente pelos alunos. Por esse motivo, na descrição das atividades no capítulo 3, os jogos são apresentados da mesma forma que as demais atividades com os materiais manipulativos.

Sugerimos ainda que os parceiros de jogo sejam mantidos no desenvolvimento das diversas etapas propostas para cada jogo, para que os alunos não precisem se adaptar ao colega de jogo a cada partida. Para evitar a competitividade excessiva, você pode organizar o jogo de modo que duplas joguem contra duplas, para que não haja vencedor, mas dupla vencedora, e organizar as duplas de modo que não se cristalizem papéis de vencedor nem de perdedor.

Para terminar

O ensino de matemática no qual os alunos aprendem pela construção de significados pode ter como aliado o recurso aos materiais manipulativos, desde que as atividades propostas permitam a reflexão por meio de boas perguntas e pelo registro oral ou escrito das aprendizagens.

Como aliados do ensino, os materiais manipulativos podem ser abandonados pelo aluno na medida em que ele aprende. Embora sejam possibilidades mais concretas e estruturadas de representação de conceitos ou procedimentos, os materiais não devem ser confundidos com os conceitos e as técnicas; estes são aquisições do aluno, pertencem ao seu domínio de conhecimento, à sua cognição. Daí a importância de que as ideias ganhem sentido para o aluno além do manuseio com o material; a problematização e a sistematização pela oralidade ou pela escrita são essenciais para que isso aconteça.

De acordo com Ribeiro (2003), observou-se que alunos bem-sucedidos na aprendizagem possuíam capacidades cognitivas que lhes permitiam compreender a finalidade da tarefa, planejar sua realização, aplicar e alterar conscientemente estratégias de estudo e avaliar seu próprio processo durante a execução. Isso é o que chamamos de competências metacognitivas bem desenvolvidas. Foi também demonstrado que essas competências influenciam áreas fundamentais da aprendizagem escolar, como a comunicação e a compreensão oral e escrita e a resolução de problemas.

Ou seja, durante o processo de discussão e resolução de situações-problema, o aluno é incentivado a desenvolver sua metacognição ao reconhecer a dificuldade na sua compreensão de uma tarefa, ou tornar-se consciente de que não compreendeu algo. Saber avaliar suas dificuldades e/ou ausências de conhecimento permite ao aluno superá-las, recorrendo, muitas vezes, a inferências a partir daquilo que sabe.

Brown (apud Ribeiro, 2003, p. 110) chama a atenção para "a importância do conhecimento, não só sobre aquilo que se sabe, mas também sobre aquilo que não se sabe, evitando assim o que designa de ignorância secundária – não saber que não se sabe". O fato de os alunos poderem controlar e gerir seus próprios processos cognitivos exerce influência sobre sua motivação, uma vez que ganham confiança em suas próprias capacidades.

Nesse sentido, os recursos da comunicação vêm para potencializar o processo de aprender. Isto é, de acordo com Ribeiro (2003, p. 110):

> [...] o conhecimento que o aluno possui sobre o que sabe e o que desconhece acerca do seu conhecimento e dos seus processos parece ser fundamental, por um lado, para o entendimento da utilização de estratégias de estudo, pois presume-se que tal conhecimento auxilia o sujeito a decidir quando e que estratégias utilizar e, por outro, ou consequentemente, para a melhoria do desempenho escolar.

Assim, a contribuição dessa proposta de ensino é que o processo de reflexão, a que se referem os teóricos apresentados no início deste texto, se concretize em ações de ensino com possibilidade de desenvolver também atitudes valiosas, como a confiança do aluno em sua forma de pensar e a abertura para entender e aceitar formas de pensar diversas da sua. Na tomada de consciência de suas capacidades e faltas, o aluno caminha para o desenvolvimento do pensar autônomo.

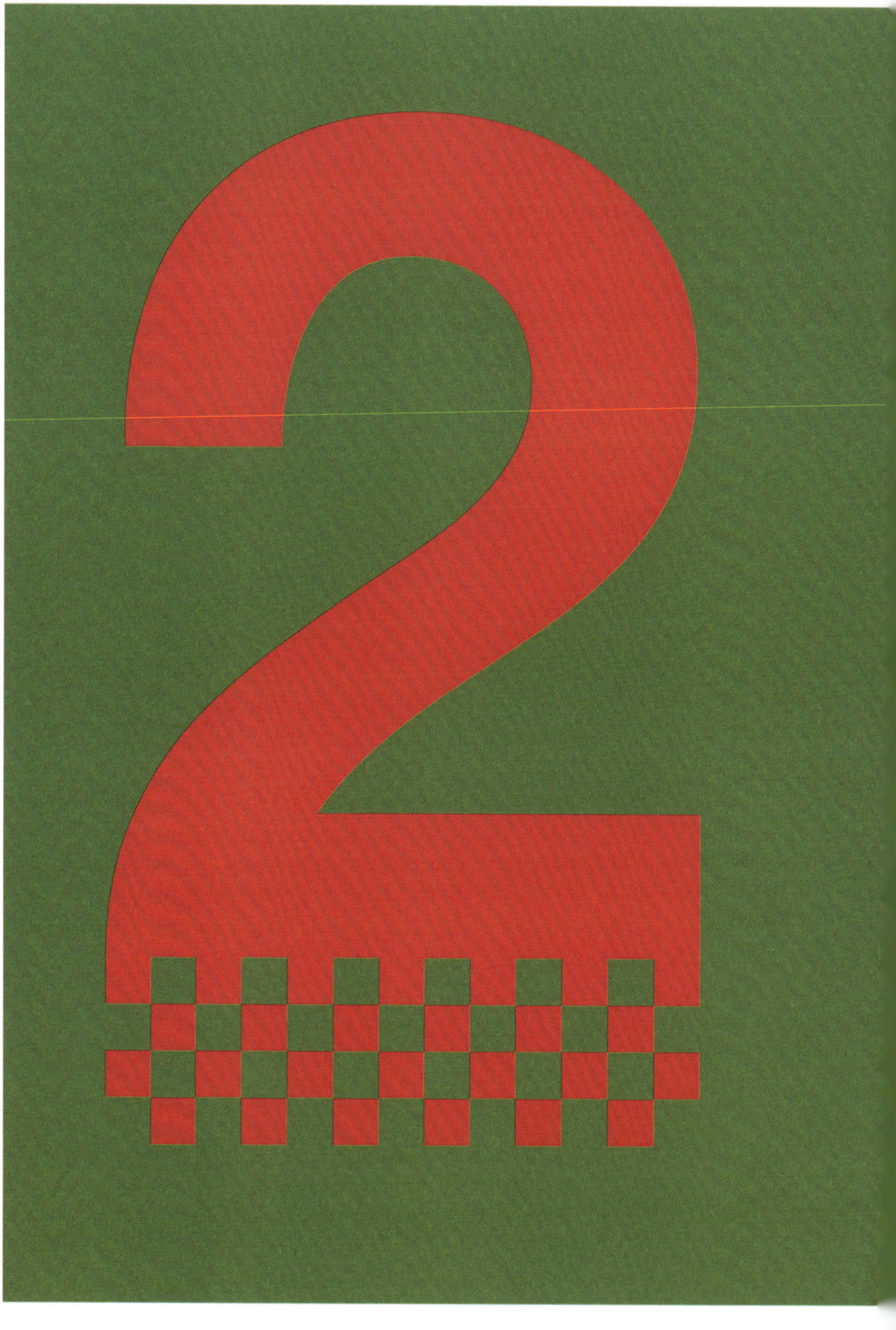

Materiais didáticos manipulativos para o ensino de Figuras Planas

Espaço e Forma no Ensino Fundamental I

Até bem pouco tempo atrás, quando se falava do ensino de geometria nos anos iniciais, ela estava relacionada a atividades nas quais as crianças tinham apenas que reconhecer formas geométricas, tais como quadrado, retângulo, círculo e triângulo; o que se esperava dos alunos é que desenhassem ou pintassem as figuras e soubessem o nome de cada uma delas. Cabia ao Ensino Fundamental II, aí sim, estudar as figuras e suas propriedades, em um nível formal e com linguagem e representações mais elaboradas.

No entanto, no Brasil, desde as propostas curriculares estaduais dos anos 1980 e depois os Parâmetros Curriculares Nacionais de 1997, sabemos que a geometria nos anos iniciais tem grande importância e vai muito além disso, do identificar e nomear figuras.

As crianças nascem e vivem em um mundo de formas, o próprio corpo da criança pode ser entendido como seu primeiro espaço. E a percepção dele e do que o rodeia forma um contexto social repleto de informações de natureza geométrica que, na maioria, são geradas e percebidas pela criança desde cedo, quando ela se move na exploração do espaço ao seu redor.

Essa percepção é responsável pela compreensão das informações que chegam à criança e 85% delas entram através do sistema visual. Por sua vez, a percepção visual também se desenvolve como resultado da acumulação de experiências da criança com o meio.

Nesse sentido, nas aulas de matemática, as atividades de geometria, por sua natureza, são ideais para a aquisição de experiências de percepção espacial. É intrínseco ao fato de aprender geometria o desenvolvimento de algumas habilidades relativas ao conhecimento do espaço e das formas, assim como quanto maior for o conhecimento gerado pela experimentação em relação ao espaço e às formas, maior será o conjunto de habilidades para aprender geometria. Mas as habilidades favorecem também aprender a escrever, desenhar, ler mapas e esquemas, ler música, praticar esportes, localizar-se no espaço, identificar posições e tamanhos e tantas outras habilidades necessárias à vida escolar e ao enfrentamento de situações do dia a dia.

Todas essas habilidades têm sido denominadas como competência espacial e foram sintetizadas em uma definição por Gardner (apud SMOLE, DINIZ; CÂNDIDO, 2003, p. 15):

> A competência espacial focaliza a capacidade do indivíduo de transformar objetos em seu meio e orientar-se em meio a um mundo de objetos no espaço. Ligadas a essa competência de ser, ler e estar no espaço, temos as capacidades de perceber o mundo visual com precisão, efetuar transformações e modificações sobre as percepções iniciais e ser capazes de recriar aspectos da experiência visual mesmo na ausência de estímulos físicos relevantes.

As investigações sobre o que caracteriza a percepção espacial vêm de algum tempo. Frostig e Horne (1964) e Hoffer (1977) identificaram seis habilidades que podem nos ajudar a entender o que significa essa competência.

Uma parte dessas habilidades está fortemente ligada ao controle do esquema corporal, isto é, são habilidades que dependem do desenvolvimento cognitivo e que são construções internas e individuais. Uma delas é a **coordenação motora visual**, que é a capacidade de coordenar a visão com o movimento do corpo. Essa capacidade é solicitada nas atividades de desenho, nas brincadeiras, nos recortes e dobraduras, na montagem de quebra-cabeças e em tantas outras nas quais o corpo deve fazer o que a mente solicita que ele faça.

A segunda habilidade desse grupo é a **memória visual**, que pode ser entendida como a capacidade de recordar um objeto que não está mais no campo de visão, relacionando suas características com outros objetos. Por exemplo, ao desenhar um objeto ou espaço que não está mais no campo de visão, é preciso ter na memória a imagem desse objeto ou espaço para poder reproduzi-lo.

Um segundo conjunto de quatro habilidades está relacionado à construção de relações de posição, tamanho e forma de objetos no espaço em relação ao indivíduo e na relação entre objetos. A primeira delas é a **percepção de figuras planas**, que corresponde ao ato de focalizar uma figura específica em um quadro de estímulos visuais, ignorando o que não pertence a ela. Temos também a **constância perceptiva** ou **constância de forma e tamanho**, que corresponde a reconhecer propriedades invariantes de um objeto apesar da variabilidade de sua impressão visual. Ou seja, independentemente do ponto de vista de como é observado um objeto, perto ou distante da pessoa, ela sabe reconhecer seu tamanho e forma. Um cubo será reconhecido independentemente da posição em que seja visto. A **percepção de relações espaciais** é a terceira habilidade desse grupo e pode ser definida como a capacidade de ver dois ou mais objetos em relação a si próprios, em relação entre eles e em relação ao observador. Essa capacidade permite decidir se duas figuras são iguais (congruentes) independentemente da posição de uma em relação à outra. A quarta dessa lista de habilidades é a **discriminação visual**, que corresponde à capacidade de distinguir semelhanças e diferenças entre objetos. Essa habilidade se desenvolve em atividades que exigem classificação de figuras e objetos geométricos. Ao comparar um conjunto de figuras, exige-se que a criança explore todas as características percebidas e selecione algumas delas para separar uma figura de outras. As quatro habilidades desse segundo grupo correspondem a estratégias cognitivas que, em geral, não estão disponíveis em crianças pequenas, mas podem ser ensinadas por meio de atividades geométricas planejadas para isso.

Em outro sentido, além da competência de percepção espacial é esperado que o ensino de geometria permita aos alunos conhecer as figuras geométricas e suas propriedades, ou seja, aquele conteúdo mais específico, tradicionalmente descrito nos manuais e materiais didáticos. No entanto, algumas pesquisas feitas há um bom tempo já demonstravam a dificuldade de crianças e jovens no aprendizado da geometria mais formal. Uma dessas pesquisas tem especial valor no sentido de nos auxiliar a entender essas dificuldades e iluminar uma proposta para ensinar geometria mais efetiva em direção da aprendizagem.

O modelo Van Hiele

O casal de pesquisadores holandeses Dina e Pierre van Hiele desenvolveu e publicou, entre os anos 1950 e 1980, um modelo explicativo de como se desenvolve o pensamento geométrico. Uma breve síntese desse modelo pode ser encontrada no artigo de Crowley (1994), no qual estão descritos os níveis de pensar que caracterizam o processo de pensamento em geometria e que são percorridos pelos alunos como níveis de compreensão.

Uma observação importante é que, se o aluno está em determinado nível e o curso em outro, a aprendizagem pode não acontecer. Se o professor propõe atividades que requerem estratégias de pensamento, conteúdo e linguagem fora do nível em que o aluno se encontra, ele não será capaz de acompanhar os processos de pensamento utilizados nas aulas e nos materiais didáticos e, consequentemente, não aprenderá. Isso pode ser comprovado facilmente pelo grande número de alunos que memoriza fatos e propriedades geométricas, mas que não as compreende no sentido de utilizá-las na resolução de situações-problema ou em exercícios escolares que não sejam muito semelhantes àqueles que foram apresentados nas aulas.

Antes de falar dos níveis, algumas características desse modelo devem ser esclarecidas, pois, além de explicar o que é específico na forma de pensar em cada nível, para o educador, é preciso saber que o processo é sequencial, ou seja, uma pessoa deve passar necessariamente pelos vários níveis sucessivamente. Para pensar em determinado nível o aluno deve ter se apropriado das estratégias de pensar dos níveis precedentes. A progressão entre os níveis depende da escolha cuidadosa de conteúdos e da metodologia de ensino. Um método de ensino pode acentuar ou impedir o progresso entre níveis, mas não permite pular um nível. Cada nível tem um conjunto de saberes essencial para o pensar no nível seguinte e cada um deles possui uma linguagem com seus termos e símbolos que pode ser provisória até o progresso para o nível seguinte.

Resumidamente, os níveis de compreensão em geometria do modelo Van Hiele são cinco e se caracterizam da seguinte forma:

Nível 1 – Visualização	O aluno reconhece visualmente uma figura geométrica, tem condições de aprender o vocabulário geométrico. Mas ele não reconhece ainda as propriedades de identificação de determinada figura.
Nível 2 – Análise	O aluno identifica as propriedades de determinada figura, mas não compreende a inclusão de classes, ou seja, que por exemplo todo quadrado é um retângulo, ou que todo triângulo equilátero é um triângulo isósceles.
Nível 3 – Dedução informal	O aluno é capaz de fazer a inclusão de classes e acompanha uma prova formal, mas não é capaz de construir outra. Ele entende o significado de uma definição.
Nível 4 – Dedução formal	O aluno é capaz de fazer provas formais e de raciocinar no contexto de um sistema dedutivo completo.
Nível 5 – Rigor	O aluno consegue comparar sistemas baseados em diferentes axiomas. É neste nível que as geometrias não euclidianas podem ser compreendidas.

Para o casal Van Hiele, no nível 1, ou da Visualização, os alunos são capazes de reconhecer e nomear as figuras, conversar a respeito delas, agrupá-las e classificá-las, além de perceber se as figuras são parecidas ou diferentes, iniciando a compreensão da classificação das formas. Entretanto, todas essas habilidades estão pautadas na visualização, nas características globais e visuais das formas, e isso faz com que as aparências possam prevalecer sobre as propriedades de uma figura.

Nesse nível, a compreensão de uma forma está muito ligada aos objetos com as quais ela se parece. Os alunos conseguem perceber como as formas são parecidas ou diferentes, mas tendo como critério sua aparência, o que significa o reconhecimento da forma como um todo e não por suas partes ou propriedades.

Um aluno nesse nível aprende parte do vocabulário geométrico, identifica formas específicas e, dada uma figura, consegue reproduzi-la. Segundo Crowley (1994, p. 3), frente a figuras que representam quadrados e retângulos, "[...] alguém neste estágio não reconheceria que as figuras têm ângulos retos e que os lados opostos são paralelos".

Saber dizer em que algumas formas são parecidas ou diferentes e usar essas ideias para classificar ou separar as formas é o objetivo geral para o avanço do nível 1 para o nível 2.

No nível 2, ou da Análise, os objetos de pensamento são todas as formas dentro de uma classe, bem mais do que analisar apenas uma forma única, ou seja, identificar uma forma, não por seu aspecto, mas pelas propriedades das figuras. Assim, um quadrado não é mais apenas aquele que aparece em um objeto, mas todas as figuras que têm quatro lados de mesma medida e quatro ângulos retos. Os alunos passam a generalizar as propriedades de uma classe de formas a todas as figuras que a compõem e listam todas as propriedades das figuras de cada classe.

No entanto, no nível 2 os alunos ainda não entendem que uma classe de figuras pode ser subclasse de outra. Isso é o que chamamos de inclusão de classes. Como exemplo, temos que eles são capazes de listar todas as propriedades das classes dos quadrados e dos retângulos, mas ainda não compreendem que os quadrados são retângulos com quatro lados de mesma medida.

Crowley (1994, p. 3), ao descrever o nível da análise, afirma que os alunos reconhecem que as figuras têm partes e as identificam por suas partes, e conceituam figuras por suas propriedades. Conforme a referida autora, "[...] os alunos deste nível ainda não são capazes de explicar relações entre propriedades, não veem inter-relações entre figuras e não entendem definições".

Quando os alunos começam a estabelecer relações entre as propriedades de objetos geométricos sem as restrições de um objeto em particular, isso significa que seu pensamento geométrico se encontra no nível 3, ou nível da Dedução informal. Nesse estágio, os alunos são capazes de desenvolver relações entre as propriedades das formas com maior habilidade, de se engajar no raciocínio lógico informal da forma "Se... então". As observações vão além das próprias propriedades e começam a enfocar os argumentos lógicos que envolvem propriedades de figuras. Para os alunos nesse nível, a apreciação de um argumento lógico é necessária, mas as estruturas axiomáticas de um sistema dedutivo formal ainda são superficiais. Perguntas que exijam justificativas e levantamentos de hipóteses auxiliam no avanço do nível 2 para o nível 3.

Sant'Anna e Nasser (1997) apresentam como características do nível 3, ou nível da Dedução informal, a percepção da necessidade de uma definição precisa e de que uma propriedade pode decorrer de outra. Argumentação lógica informal e a inclusão de classes de figuras geométricas fazem parte desse nível.

Ainda segundo essas pesquisadoras, as principais características do nível 4, ou nível da Dedução formal, dizem respeito ao domínio do processo dedutivo e de demonstrações e ao reconhecimento de condições necessárias e suficientes. O significado da dedução deve ser compreendido como uma maneira de estabelecer a teoria geométrica no contexto de um sistema axiomático. Para chegar a esse nível é necessário que os alunos possam, em níveis anteriores, pensar a respeito das relações que mais tarde tenham a necessidade de provar.

No último nível, chamado nível 5, ou do Rigor, os alunos são capazes de apreciar as distinções e relações entre diferentes sistemas axiomáticos. O objetivo do ensino nesse nível é comparar e confrontar os diferentes sistemas axiomáticos da geometria. No entanto, esse tipo de abordagem da geometria fica muitas vezes restrito apenas à formação de especialistas em matemática no ensino superior.

Para além do modelo Van Hiele

Em uma pesquisa sobre o ensino e a aprendizagem da geometria, Hoffer (1981) afirma que o estudo da geometria não deveria ser marcado apenas por noções, conceitos e procedimentos, nem ao menos pelo conhecimento de termos e relações geométricas, mas também pelo desenvolvimento de habilidades geométricas.

Os estudos de Hoffer (1981) propõem cinco habilidades básicas para o desenvolvimento mental em geometria; são elas as habilidades visuais, verbais, de desenho, lógicas e aplicadas.

Para Hoffer (1981), as **habilidades visuais** estão relacionadas à capacidade de ler desenhos e esquemas. Os alunos reconhecem as formas geométricas e as propriedades comuns de diferentes figuras. Com base em uma informação, deduzem outras e conseguem justificar suas hipóteses por meio de outras figuras.

As **habilidades verbais** relacionam-se com a linguagem oral e escrita, e estão presentes quando propomos ao aluno associar o nome correto com a figura, descrever as propriedades de uma figura, definir palavras, formular sentenças mostrando relações entre figuras, entender definições, postulados e teoremas, reconhecer os dados de um problema e o que se pede para fazer.

A respeito da habilidade verbal, Hoffer (1981, p. 2) afirma:

> Os alunos frequentemente expressam ideias de maneiras imprecisas que destoam das dos professores e textos. Um aluno poderia dizer "Um círculo é uma linha redonda" ou "Um bissetor perpendicular atravessa o meio e fica em pé". Formulações precisas podem ser forçadas nos alunos antes que estejam prontos – antes que tenham eles mesmos a oportunidade de descrever conceitos e reconhecer a falta de precisão nas suas afirmações.

As **habilidades de desenho** correspondem à capacidade de expressar ideias por meio de desenhos e diagramas, fazer construções com régua, compasso, esquadro, transferidor e programas gráficos de computador.

As **habilidades lógicas,** por sua vez, relacionam-se à capacidade de analisar argumentos, definições, reconhecer argumentos válidos e não válidos, dar contraexemplos, compreender e elaborar demonstrações.

Finalmente, as **habilidades aplicadas** que envolvem a capacidade de observar a geometria no mundo físico, apreciar e reconhecer a geometria em diferentes áreas tais como a arte.

Dessa forma, o ensino da geometria deveria proporcionar o avanço nos níveis como descrito anteriormente e o caminho para isso seria apresentar atividades para desenvolver as cinco habilidades sugeridas por Hoffer (1981).

Para Sant'Anna e Nasser (1997, p. 52):

> À medida que se conhecem as relações entre o tipo de conhecimento e o tipo de habilidade necessária para a assimilação de cada um desses tipos de conhecimento, o professor passa a ter algumas ferramentas para a compreensão dos processos que os alunos utilizam para a efetiva compreensão e resolução dos problemas apresentados ao longo do trabalho com geometria.

O entendimento dessas habilidades relacionadas ao desenvolvimento do pensar em geometria deu origem a um modelo de ensino por Machado (1990), que solicita que as aulas de geometria nos primeiros anos de escolarização envolvam mais que a percepção, ou seja, a observação e manipulação de objetos materiais e a caracterização das formas mais frequentes presentes à nossa volta por meio de atividades empíricas.

Segundo Lauro (2007), as atividades relacionadas com a geometria se iniciam pela percepção e rapidamente e de forma abrupta solicitam do aluno a concepção, isto é, a sistematização, o exercício da lógica, dos elementos conceituais. Segundo Lauro (2007, p. 20), "[...] é como se a geometria fosse organizada segundo um vetor com origem nas atividades perceptivas e extremidade na sistematização formal".

Segundo Lauro (2007, p. 22):

> É essencial que exista uma articulação entre percepção e concepção, estabelecendo caminhos convenientes que permitam um trânsito natural entre ambas, com dupla mão de direção. Assim entendemos que a limitação a atividades de manipulação de objetos materiais mesmo nas séries iniciais do ensino é insuficiente; e, trabalhar apenas com o conceitual, sem relações com objetos materiais, em todos os níveis do ensino, seja talvez ainda pior. É necessário haver articulação entre a percepção e a concepção.

De acordo com Lauro (2007) e Machado (1990), existem duas outras dimensões da dinâmica do processo cognitivo para o aprendizado de geometria – a construção e a representação.

> A geometria pode e deve ser iniciada por meio de atividades empíricas, visando à percepção, mas tais atividades estão diretamente relacionadas com a construção de objetos em sentido físico, bem como com a representação de objetos por meio de desenhos, nos quais suas propriedades e características possam ser concretizadas. (LAURO, 2007, p. 24)

Para Machado (1990), na dinâmica da construção do conhecimento geométrico, em vez de uma polarização percepção/concepção, é fundamental a caracterização dos quatro processos: a percepção, a construção, a representação e a concepção.

Resumidamente, a **percepção** refere-se à observação e à manipulação de objetos, que, por meio de atividades sensoriais, permitem ao aluno a caracterização das formas presentes ao seu redor. A **construção** de objetos e figuras exige do aluno pensar sobre os detalhes e propriedades. Construir um quadrado a partir de quatro varetas de tamanhos diferentes é bem distinto de construir um quadrado a partir de uma folha de papel retangular.

A habilidade da **representação** corresponde à capacidade de desenhar, com ou sem instrumentos, formas e objetos construídos ou percebidos.

Finalmente, a **concepção** refere-se à imaginação ou à criação de formas e objetos ainda de modo informal, não sistematizado, sem referência à sua representação ou construção; essa habilidade pertence ao âmbito do projetar no sentido da abstração.

Na prática

Conhecer a teoria dos níveis Van Hiele auxilia a organização do ensino e planejamento de estratégias didáticas que viabilizem a aprendizagem. Isso não significa testar os alunos a fim de classificá-los nesse ou naquele nível, mas organizar o ensino de maneira mais eficiente e objetiva, pois dessa maneira o planejamento parte dos conhecimentos adquiridos pelas crianças em vivências anteriores com geometria, sem correr o risco de dificultar ou impedir o desenvolvimento de seu conhecimento.

Desse modo, a tarefa da escola é fazer o aluno progredir dentro dos níveis Van Hiele e, portanto, aliado a um trabalho de investigar, explorar, comparar e manipular situações corporais e geométricas, é preciso que haja um constante processo de discussão e registro das observações feitas, das conclusões tiradas e das formas que são transformadas, imaginadas e construídas (MACHADO, 1990).

Segundo Crowley (1994, p. 17):

> As indagações do professor são um fator crucial na orientação do raciocínio do aluno. É importante, em todos os níveis, perguntar à criança como ela "sabe". Não basta, por exemplo, perguntar aos alunos do nível 2 qual é a soma dos ângulos internos de um pentágono. Eles devem ser desafiados a explicar por que e a pensar sobre sua explicação – haveria um outro modo de mostrar isso?

Nesse sentido, o modelo Van Hiele, a problematização, o tipo de atividade proposta e os momentos de discussão têm papel importante para auxiliar o aluno a avançar no nível de pensamento geométrico.

Os **materiais manipulativos**, na perspectiva de ensino descrita neste texto, são recursos importantes para que nos anos iniciais os alunos possam avançar do nível 1 para o nível 2 do modelo Van Hiele. Pois eles são, desde sua concepção, instrumentos desenvolvidos para que o aluno possa manipular e, assim, perceber partes do objeto, relações entre partes que correspondem a propriedades da forma geométrica. Os bons questionamentos e as atividades bem planejadas podem assim efetivar os objetivos do ensino com geometria para que os alunos avancem nos níveis e adquiram conhecimento e linguagem específicos dessa área da matemática, e ainda se desenvolvam nas habilidades como descritas por Hoffer (1981).

Figuras planas

No Ensino Fundamental, o estudo das figuras planas se inicia pelo reconhecimento e pela nomenclatura relativos às figuras mais usuais, dentre elas: triângulo, quadrado, retângulo, paralelogramo, losango, hexágono e círculo, identificando em cada uma delas algumas de suas propriedades relacionadas a lados. Em geral, destacam-se o número de lados e o fato de eles terem ou não a mesma medida.

Nos dois últimos anos do Ensino Fundamental I, esse conjunto de figuras se amplia e são apresentados os polígonos em geral; as propriedades geométricas também são mais elaboradas, incluindo-se as relações envolvendo lados paralelos ou perpendiculares, ângulos e suas medidas, e a existência ou não de eixos de simetria nas figuras.

Polígonos são figuras planas fechadas simples (isto é, sem linhas que se cruzam), formadas por segmentos de reta, que são os lados do polígono.

Veja as ilustrações a seguir:

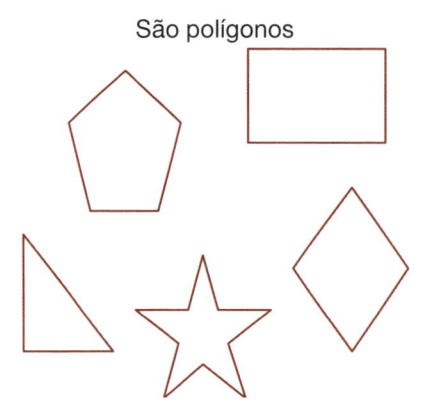

São polígonos

Não são polígonos

Os polígonos são identificados pelo número de lados ou ângulos que possuem.

Observe os elementos de um polígono nos desenhos abaixo:

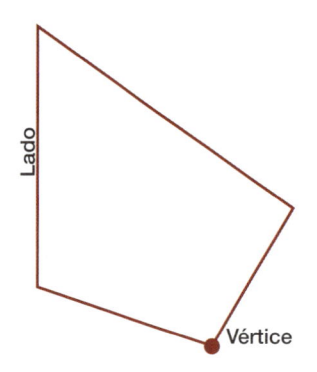

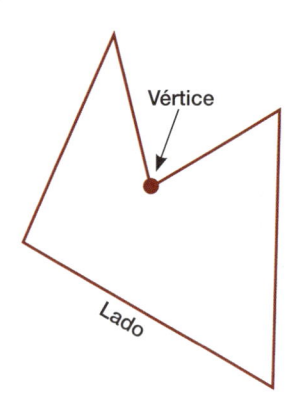

Lado: cada segmento de reta que forma o polígono.
Vértice: encontro de dois lados do polígono. Cada vértice do polígono é também vértice de um ângulo do polígono.

Uma observação importante deve ser feita em relação ao que denominamos polígono. Formalmente, **polígono** é apenas a linha poligonal. Quando a linha é considerada com a região do plano delimitada por ela, o nome dessa reunião é **região poligonal**; nesse caso, a união da superfície da figura com seu contorno. No entanto, para os alunos dos anos iniciais essa distinção traria uma complicação de linguagem desnecessária. Uma vez que o foco do trabalho está no avanço dos níveis de compreensão sobre as figuras e o entendimento das propriedades de cada uma delas, neste texto chamaremos de polígono tanto a linha poligonal como a região poligonal.

Para exemplificar, chamaremos de triângulo tanto a figura 1, do mosaico, quanto a figura 2, construída no geoplano.

Figura 1   Figura 2

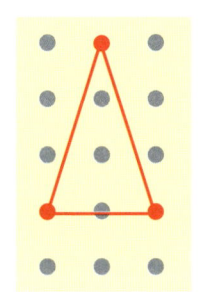

Na tabela a seguir, organizamos as propriedades geométricas dos polígonos que serão estudadas nas atividades com os materiais manipulativos que apresentaremos no capítulo 3.

Polígono	Principais propriedades	Tipos/Representações
Triângulo	Três lados Três vértices Três ângulos Não possui lados paralelos É ou não retângulo Tem ou não lados perpendiculares Tem ou não eixos de simetria	**Equilátero** (três lados e três ângulos de mesma medida, três eixos de simetria) **Isósceles** (dois lados e dois ângulos de mesma medida, um eixo de simetria) **Escaleno** (todos os lados com medidas diferentes) **Retângulo** (um dos ângulos é reto, ou seja, mede 90°)

Polígono	Principais propriedades	Tipos/Representações
Paralelogramo	Quatro lados (quadrilátero) Quatro vértices Dois pares de lados paralelos e de mesma medida Quatro ângulos Ângulos opostos de mesma medida	
Retângulo	Quatro lados (quadrilátero) Quatro vértices Dois pares de lados paralelos e de mesma medida Quatro ângulos retos (cada um mede 90°) Tem lados perpendiculares Possui dois eixos de simetria	
Quadrado	Quatro lados (quadrilátero) Quatro vértices Quatro lados de mesma medida Dois pares de lados paralelos Quatro ângulos retos (cada um mede 90°) Tem lados perpendiculares Possui quatro eixos de simetria	

Polígono	Principais propriedades	Tipos/Representações
Losango	Quatro lados (quadrilátero) Quatro vértices Quatro lados de mesma medida Dois pares de lados paralelos Quatro ângulos Ângulos opostos de mesma medida Possui dois eixos de simetria	
Trapézio	Quatro lados (quadrilátero) Quatro vértices Um par de lados paralelos Quatro ângulos Tem ou não lados perpendiculares Tem ou não eixos de simetria	**Isósceles** (dois lados de mesma medida e um eixo de simetria) **Escaleno** (todos os lados com medidas diferentes) **Retângulo** (um dos ângulos é reto) No trapézio, os lados paralelos recebem nomes de base maior e base menor.

Polígono	Principais propriedades	Tipos/Representações
Pentágono	Cinco lados Cinco vértices Cinco ângulos Tem ou não lados e ângulos de mesma medida Tem ou não eixos de simetria Tem ou não lados paralelos Tem ou não lados perpendiculares	
Hexágono	Seis lados Seis vértices Seis ângulos Tem ou não lados e ângulos de mesma medida Tem ou não eixos de simetria Tem ou não lados paralelos Tem ou não lados perpendiculares	

Pentágono: a palavra *penta* vem do latim e significa o mesmo que cinco; *gono* vem do latim e significa ângulo.

Hexágono: *hexa* é o mesmo que seis.

Além dos polígonos, o **círculo** é outra figura plana bastante estudada nos anos iniciais do Ensino Fundamental.

O círculo é uma figura plana delimitada por uma **circunferência**, que é o conjunto de pontos do plano situados todos a uma mesma distância de um ponto fixado chamado de **centro** da circunferência:

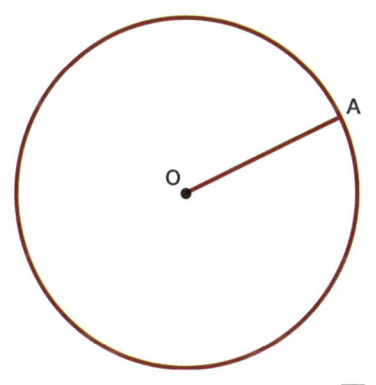

Circunferência de centro O e raio $\overline{OA}$

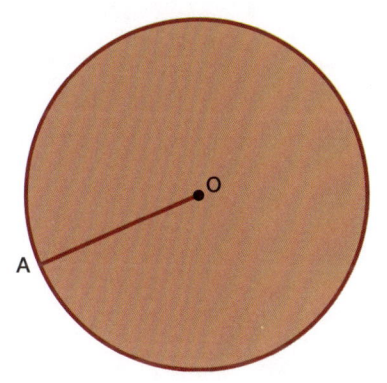

Círculo de centro O e raio $\overline{OA}$

Os materiais específicos para desenvolver a compreensão de figuras planas que serão apresentados neste texto são:

Geoplano   Mosaico   Tangram

Para saber mais sobre figuras planas indicamos:

MACHADO, N. J. *Polígonos, centopeias e outros bichos*. São Paulo: Scipione, 2000.

PIRES, C. M. C.; CURI, E.; CAMPOS, T. M. M. *Espaço & Forma:* a construção de noções geométricas pelas crianças das quatro séries iniciais do Ensino Fundamental. São Paulo: Proem, 2000.

38 | Coleção Mathemoteca | Figuras Planas

Atividades de Figuras Planas com materiais didáticos manipulativos

Em todo o texto apresentado até aqui, duas perspectivas metodológicas formam a base do projeto dos materiais manipulativos para aprender matemática: a utilização dos recursos de **comunicação** e a proposição de **situações-problema**.

Elas se aliam e se revelam, neste texto, na descrição das etapas de cada atividade. São sugeridos os encaminhamentos da atividade na forma de questões a serem propostas aos alunos antes, durante e após a atividade propriamente dita, assim como a melhor forma de apresentação do material.

Para começar, é importante que os alunos tenham a oportunidade de manusear o material livremente para que algumas noções comecem a emergir da exploração inicial, para que depois, na condução da atividade, as relações percebidas possam ser sistematizadas.

De modo geral, cada **sequência de atividades** apresenta as seguintes partes:
- **Conteúdo**
- **Objetivos**
- **Organização da classe** (sob a forma de ícone)
- **Recursos**
- **Descrição das etapas**
- **Atividades**
- **Respostas**

Em cada sequência, a organização da classe é indicada por meio de ícones, que aparecem ao lado do item "Conteúdo". Os ícones utilizados são os seguintes:

Individual   Dupla   Trio   Quarteto   Grupo de cinco

Quando houver mais de uma forma de organização dos alunos, isso é indicado por mais de um ícone.

Cada uma das sequências de atividades propõe na descrição das etapas uma série de procedimentos para o ensino e para a organização dos alunos e dos materiais, de modo a assegurar que os objetivos sejam alcançados.

O texto que descreve as etapas de cada sequência foi escrito para ser uma conversa com o professor e visa explicitar nossa proposta de uso de cada material. Nas etapas estão detalhadas a organização da classe, a forma como idealizamos a apresentação do material aos alunos, as questões que podem orientar o olhar deles para o que queremos ensinar, as atividades que serão propostas a todos de forma escrita ou oral, a proposição de painéis ou rodas de discussão, o que se espera como registro dos alunos e orientações para avaliação da aprendizagem.

Durante a descrição das etapas, muitas vezes o texto é interrompido por uma seção chamada **Fique atento!**, na qual se destaca alguma propriedade matemática que o professor deve conhecer para melhor encaminhar a atividade, ou então se enfatiza alguma questão metodológica importante para a compreensão da forma como a atividade está proposta no texto.

Depois da descrição das etapas, vêm as atividades referentes ao tema ou procedimento tratado e suas respectivas respostas. Na maioria dos casos, as respostas aparecem antes das atividades. Essa inversão foi feita para que as atividades pudessem ser agrupadas numa página em separado, a fim de possibilitar ao professor reproduzi-la e distribuí-la para os alunos. As atividades em que isso ocorre são aquelas que apresentam figuras que dificultariam a sua reprodução no quadro pelo professor e, principalmente, a sua reprodução no caderno pelo aluno. Todas as atividades do livro estão disponíveis para *download*, como indicado pelo ícone ao lado. Para baixá-las, em www.grupoa.com.br, acesse a página do livro por meio do campo de busca e clique em Área do Professor.

Cabe agora ao professor refletir sobre seu planejamento para determinar quando e como utilizar os materiais manipulativos, assim como qual é o momento em que eles devem ser abandonados. É pela avaliação constante das aprendizagens dos alunos e de suas observações em cada atividade que essas decisões podem ser tomadas de forma mais adequada e eficiente.

Geoplano

O geoplano é um material para os alunos explorarem problemas geométricos. Além de ser útil na abordagem de noções sobre figuras planas, o geoplano é rico em possibilidades para desenvolver habilidades de percepção espacial.

Existem diferentes tipos de geoplano. Nas atividades que seguem pode ser usado o mais comum: uma base de madeira ou plástico onde são colocados pregos ou pinos sobre os vértices de cada quadrado de uma malha quadriculada desenhada sobre a base.

O geoplano é acompanhado por elásticos, de preferência coloridos, que vão permitir, a quem o manipula, "desenhar" figuras na malha de pinos, mas de forma muito dinâmica, pois o aluno pode fazer e desfazer as construções com muita rapidez.

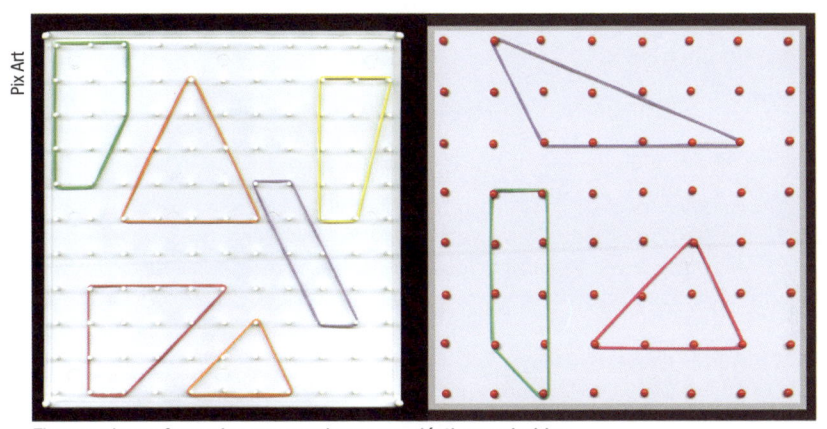

Figuras planas formadas em geoplano com elásticos coloridos.

Manipulando elásticos de diversas cores, é possível construir no geoplano figuras geométricas para explorar noções relativas a polígonos, área, perímetro, comprimento, semelhança e congruência de figuras, simetria de reflexão, rotação de figuras, entre outras ideias matemáticas.

A grande mobilidade das construções no geoplano permite que o aluno se habitue a ver figuras em diversas posições, perceber se determinada hipótese que fez para a solução de um problema é adequada e corrigi-la imediatamente, se necessário.

No geoplano, cada figura desaparece assim que são removidos os elásticos; portanto, se houver necessidade de registro de algumas das figuras feitas nas atividades, elas podem ser desenhadas em uma folha de papel quadriculado ou pontilhado. No capítulo 4 existem modelos dessas folhas. O aluno pode também apoiar uma folha de papel branca sobre a malha pontilhada e desenhar sobre ela as construções que fez no geoplano.

Esse material pode apresentar alguma dificuldade para ser construído concretamente, mas existem versões comerciais que podem ser utilizadas em sala de aula. Há ainda a possibilidade de uso do geoplano virtual. Ele pode ser encontrado em *sites* da internet que disponibilizam modelos de geoplano gratuitamente, os quais podem ser encontrados digitando-se a palavra geoplano em um *site* de busca.

1° 2° 3° 4° 5° ANO ESCOLAR

1 Conhecendo o geoplano

Conteúdo
- Figuras planas

Objetivos
- Construir figuras planas
- Nomear figuras planas

Recursos
- Um geoplano e elásticos coloridos por aluno e folha de atividades da p. 45

Descrição das etapas

- **Etapa 1**

Entregue a cada dupla um geoplano e alguns elásticos coloridos. Promova uma conversa coletiva, apresentando o geoplano e os elásticos.

Para conhecer o material é preciso que os alunos manuseiem os elásticos e, sem dúvida, quebrem alguns deles pela inexperiência em lidar com esse material.

Deixe que criem figuras e mostrem uns para os outros. Quase sempre eles querem usar todos os elásticos e se divertem bastante nessa etapa de exploração.

Depois disso, pergunte: "Para que vocês acham que serve este material? Como fazer uma figura usando um elástico? Será que é possível fazer um quadrado no geoplano usando apenas um elástico? Será que é possível fazer quadrados de tamanhos diferentes usando em cada um deles um elástico?".

fique atento!

Só faça as perguntas depois que os alunos explorarem o material livremente.
Não faça todas as perguntas de uma só vez. A cada pergunta socialize as produções dos alunos e estimule-os a falar sobre como fizeram cada figura.
Lembre-se de que a organização em duplas facilita a construção, pois cada aluno apoia o outro e na conversa entre eles é possível perceber em que momentos é preciso intervir ou apenas orientá-los, fazendo alguma pergunta a eles.

- **Etapa 2**

Entregue a cada aluno da dupla um geoplano e alguns elásticos.

Peça que observem as figuras da atividade 1 (mais à frente, no item "Atividades") e que as construam em seus geoplanos, usando em cada uma delas um elástico.

Depois, peça que troquem entre si os geoplanos e que um confira a construção do outro. Se for preciso, coloque em discussão coletiva as construções sobre as quais os alunos não concordam entre si.

fique atento!

Muitas vezes os alunos discordam da construção do colega ou erram em suas construções porque, ao fazer a figura, mantêm a forma, mas alteram o seu tamanho. Isso acontece pois o desenho das atividades é menor do que o que será feito no geoplano.

As discordâncias podem acontecer também quanto à forma da figura, pois muitas vezes os alunos mantêm algumas características do desenho das atividades, mas não todas elas.

Isso precisa ser discutido e é facilitado quando um aluno explica para o outro como pensou para fazer a figura, revelando sua estratégia para transferir um desenho para o geoplano. Muitas vezes eles descobrem que, contando pinos em cada lado da figura, conseguem reproduzi-la com sucesso. Mas é importante que isso seja uma descoberta deles!

ATIVIDADES

1. Construa em seu geoplano cada uma das figuras abaixo. Use um elástico para cada uma delas.

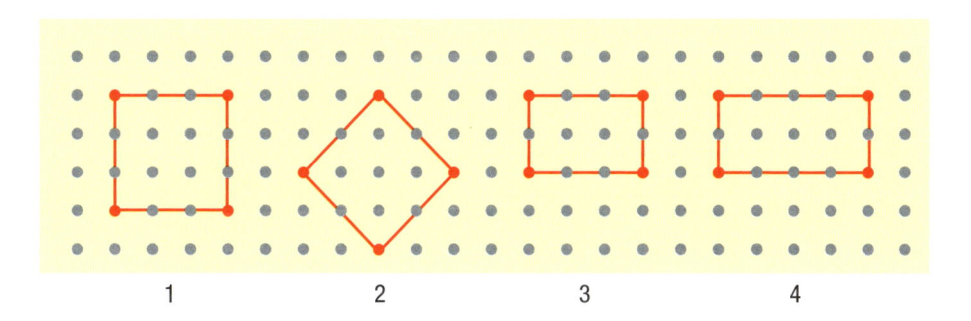

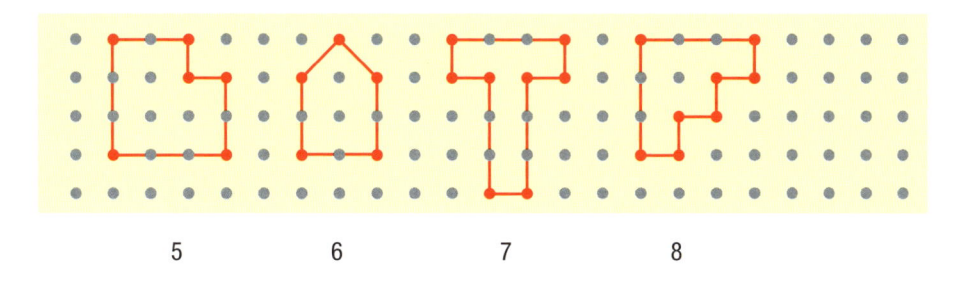

1   2   3   4

5   6   7   8

1° **2°** 3° 4° 5° ANO ESCOLAR

2 Qual é a figura?

Conteúdo
- Figuras planas

Objetivos
- Construir figuras planas
- Identificar lados de figuras planas
- Nomear figuras planas

Recursos
- Um geoplano e elásticos coloridos por dupla, folha branca e lápis

Descrição das etapas

Entregue a cada dupla um geoplano e alguns elásticos coloridos.
Peça aos alunos que construam em seus geoplanos as seguintes figuras (cada dupla usa um elástico):

1. Uma figura com 4 lados de mesma medida.
   Espera-se que os alunos construam quadrados, mas questione se todos fizeram quadrados do mesmo tamanho.
   Com base nas respostas dos alunos verifique se eles identificam lados nas figuras; caso contrário, explique que lado é cada linha reta que forma a figura.
   Eventualmente, algum aluno pode construir um losango não quadrado, mas isso dificilmente acontece, porque o quadriculado do geoplano induz a construção de quadrados. Se isso acontecer, mostre aos demais alunos o losango construído.
2. Uma figura com 3 lados, sendo 2 lados de mesma medida.
   Novamente, questione se todos fizeram a mesma figura e se todas elas são do mesmo tamanho. Verifique se eles sabem o nome dessas figuras e socialize os diversos triângulos feitos pelos alunos.
3. Uma figura com 4 lados de tamanhos diferentes.
   Aqui, naturalmente aparecerão muitas figuras diferentes umas das outras. Permita que os alunos vejam as produções de outros e comparem com a feita por eles.
   Diga a eles que todas essas figuras são chamadas de quadriláteros, porque têm quatro lados. Mostre que o quadrado, o retângulo e o losango são quadriláteros especiais, porque têm 2 ou 4 lados de mesmo tamanho.
4. Figuras com 5, 6 e 10 lados que podem ter alguns lados de mesmo tamanho ou não, mas cada uma delas construída com um único elástico.

Neste item a diversidade de respostas será muito grande.

Peça que organizem em uma folha branca uma tabela na qual apareça a quantidade de lados com o mesmo tamanho em cada tipo de figura. Mostre no quadro como organizá-la.

Figura no geoplano com	Número de lados de mesmo tamanho
5 lados	...
6 lados	...
10 lados	...

Em seguida, as duplas devem trocar entre si seus geoplanos e as folhas com as tabelas, para que uma dupla confira as construções e anotações da outra.

Só interfira quando não houver acordo entre os alunos. Nesse caso, coloque a questão em discussão para que toda a classe possa auxiliar os alunos a chegarem a um acordo.

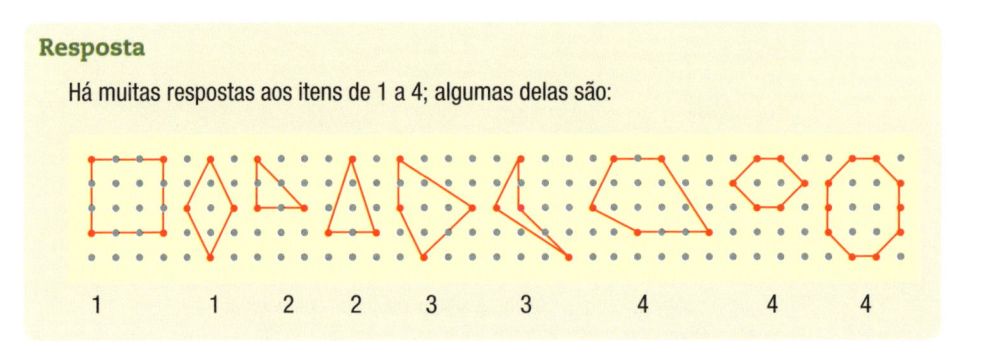

Resposta

Há muitas respostas aos itens de 1 a 4; algumas delas são:

1º 2º **3º** 4º 5º ANO ESCOLAR

3 Formando figuras

Conteúdos
- Figuras planas
- Desenvolvimento de habilidades espaciais: discriminação visual, percepção de posição, constância de forma e tamanho

Objetivos
- Visualizar, comparar, desenhar e imaginar figuras em diferentes posições
- Identificar características de figuras planas

Recursos
- Um geoplano e elásticos coloridos por dupla, lápis, lápis de cor, régua, folha de atividades da p. 51 e malha pontilhada (veja modelo no capítulo 4).

Descrição das etapas

- **Etapa 1**

Entregue a cada dupla um geoplano e alguns elásticos coloridos. Explore com os alunos as características do material:

1. Como é formado esse material? Para que servem os pinos? Como podemos colocar os elásticos nesses pinos? O que é possível construir com os elásticos?
2. Quem consegue fazer um triângulo? E um quadrado?
3. É possível fazer uma figura com 5 lados? E com 6 lados?
4. Que outras figuras vocês conseguiram formar?

Deixe-os criar figuras livremente. Incentive-os a socializar suas descobertas compartilhando com os colegas as figuras que criaram.

> No geoplano:
> **lados** são as linhas retas que formam uma figura fechada;
> **vértice** é o ponto comum a dois lados de uma figura.

- **Etapa 2**

Entregue a cada dupla um geoplano e alguns elásticos coloridos. Proponha a eles que façam a atividade 1 socializando as perguntas sugeridas e propiciando a eles que comparem as diferentes respostas. Incentive as crianças a usarem a nomenclatura correta para o nome das figuras.

- **Etapa 3**

Entregue a cada dupla um geoplano e alguns elásticos coloridos. Proponha a eles que façam a atividade 2.

Incentive as crianças a socializar suas descobertas compartilhando com os colegas que mudanças foram feitas para transformar as figuras.

Também pode-se fazer um texto coletivo sobre as ações necessárias para fazer as transformações sugeridas. Ao traduzir em palavras as crianças se apropriam de algumas propriedades desses polígonos.

- **Etapa 4**

Entregue a cada dupla um geoplano e alguns elásticos coloridos. Eles precisarão também da malha pontilhada, lápis, lápis de cor e régua. Proponha às duplas que criem pelo menos três figuras.

Em seguida, oriente-os para que:

1. desenhem na malha pontilhada as figuras que criaram usando a régua;

2. pintem as figuras;

3. escrevam, ao lado de cada uma, o número de lados e de vértices.

Ao término das criações, peça às duplas que troquem os trabalhos com os colegas para que uma dupla confira o da outra.

Respostas

1. a) e b) Respostas pessoais

c) A figura **A** é um quadrado e a **C** um triângulo.

d) A = 4 lados; B = 5 lados; C = 3 lados; D = 4 lados; E = 4 lados

e) A = 4 vértices; B = 5 vértices; C = 3 vértices; D = 4 vértices; E = 4 vértices

2. c) Espera-se que o aluno perceba que precisou esticar um dos lados e prender em outro pino para fazer a modificação.

f) Espera-se que o aluno perceba que precisou esticar um dos lados e mover o elástico inclinado para prender em mais um pino.

ATIVIDADES

1. Copie as figuras a seguir no geoplano.

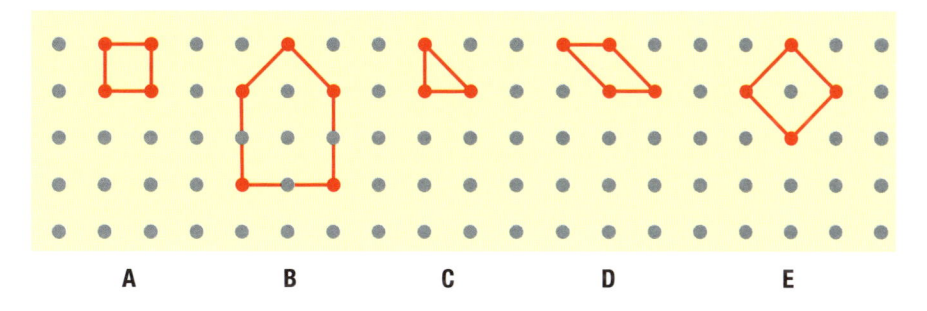

A   B   C   D   E

a) Quais figuras foram construídas com facilidade?
b) Quais figuras foram difíceis? Por quê?
c) Qual é o nome da figura **A**? E o da figura **C**?
d) Quantos lados tem cada figura?
e) Quantas pontas ou quantos vértices tem cada figura?

2. a) Copie esta figura no geoplano:

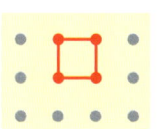

b) Mude somente o que for necessário para transformá-la nesta figura:

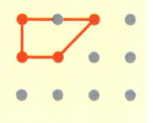

c) O que foi necessário mudar para fazer essa modificação?

d) Copie esta figura no geoplano:

e) Mude somente o que for necessário para transformá-la nesta figura:

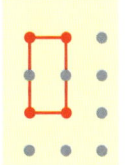

f) O que foi necessário mudar para fazer essa modificação?

Geoplano | 51

1° 2° **3° 4° 5°** ANO ESCOLAR

4 Completando figuras

Conteúdo
- Simetria

Objetivos
- Reconhecer a simetria de reflexão em figuras
- Completar figuras a partir de seu eixo de simetria

Recursos
- Um geoplano e elásticos coloridos por dupla, caderno, lápis, folha de papel branco, folha de atividades da p. 55 e malha pontilhada.

Descrição das etapas

- **Etapa 1**

Entregue a cada dupla um geoplano e alguns elásticos coloridos. Proponha a eles que façam a atividade 1.
Discuta com eles se seria possível construir as mesmas figuras utilizando outra quantidade de elástico. Peça que justifiquem suas respostas e confrontem com as dos colegas.
Desafie-os a encontrar outras letras que possam ser feitas no geoplano e que também tenham duas partes iguais que possam ser sobrepostas uma à outra.

fique atento!

A partir desta atividade é possível estabelecer com os alunos o que significa uma figura ter um eixo de simetria.
Para isso, use as figuras feitas pelos alunos e explique que a linha utilizada para construir a outra metade da figura é um eixo de simetria e que ele funciona como se fosse um espelho refletindo a imagem de cada metade da figura.
A figura inteira passa a ter uma simetria de reflexão para cada eixo que ela possui.

- **Etapa 2**

Entregue a cada dupla um geoplano e alguns elásticos coloridos. Proponha a eles que façam a atividade 2.
Incentive-os a encontrar os vários eixos de simetria possíveis. Discuta com a classe por que a quantidade de eixos de simetria que as figuras possuem é diferente.

Geoplano | 53

Alguns alunos não consideram que o eixo de simetria possa ser inclinado. Se isso acontecer, é preciso intervir e ajudá-los a observar que a figura é simétrica porque pode ser sobreposta se dobrada ao meio.

- **Etapa 3**

Entregue a cada dupla um geoplano e alguns elásticos coloridos. Proponha a eles que façam a atividade 3.

Converse com os alunos sobre o que eles precisaram observar para completar a figura. Explore também com eles de que forma precisaram fazer a contagem dos pinos para terminar a figura.

É possível ainda pedir que cada aluno escreva no caderno uma história em que o gato da terceira etapa seja o personagem principal, e escolher alguns alunos para contar a história a todos da classe.

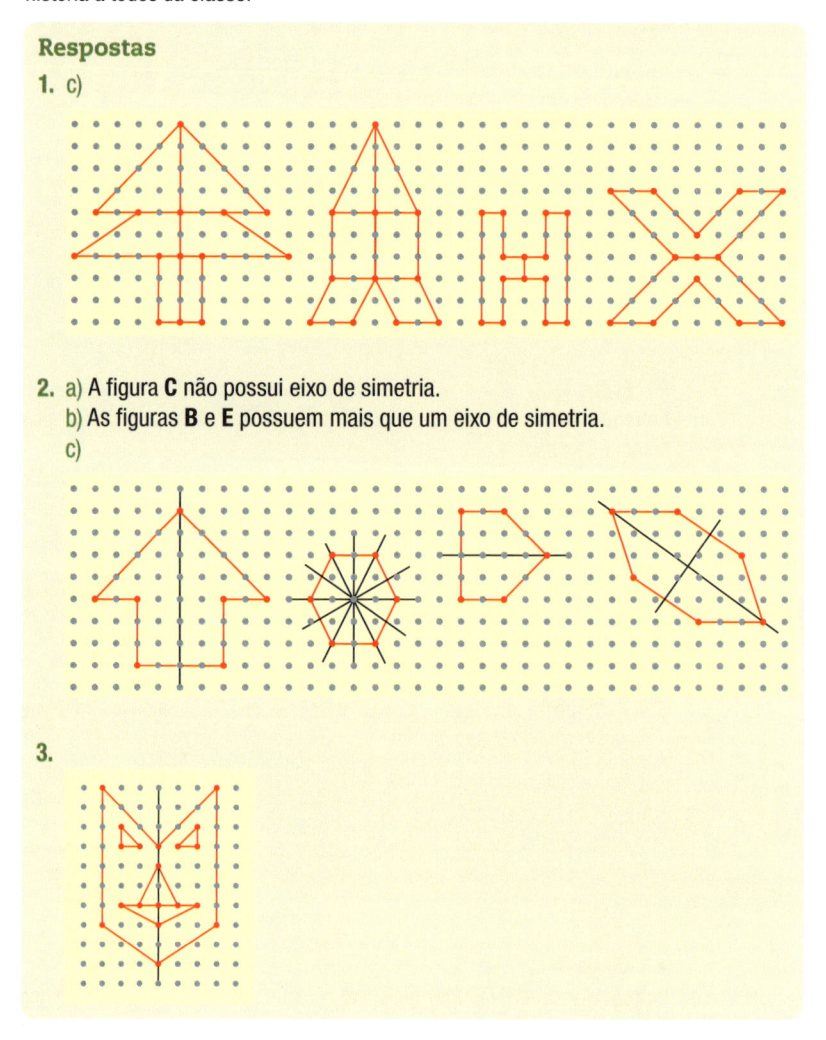

Respostas

1. c)

2. a) A figura **C** não possui eixo de simetria.
   b) As figuras **B** e **E** possuem mais que um eixo de simetria.
   c)

3.

54 | Coleção Mathemoteca | Figuras Planas

ATIVIDADES

1. a) Construa no seu geoplano cada uma das figuras abaixo usando 3 elásticos.

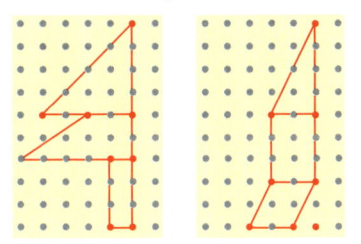

b) Construa no seu geoplano as figuras abaixo usando apenas 1 elástico.

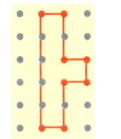

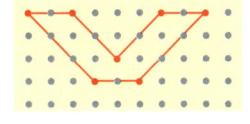

c) Complete no seu geoplano as figuras acima para formar uma árvore, um foguete, a letra H e a letra X.

2. Observe as figuras abaixo e construa-as no geoplano.

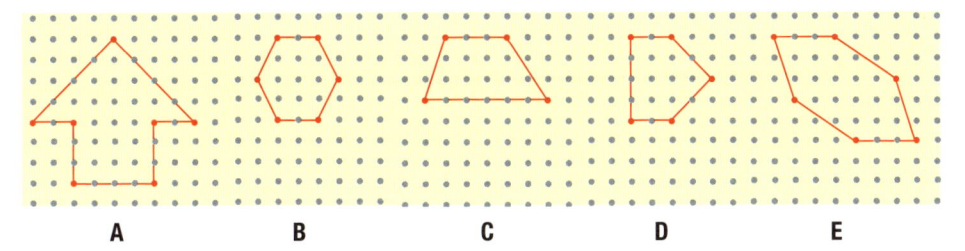

A   B   C   D   E

a) Todas as figuras acima possuem eixo de simetria? Qual delas não possui?
b) Quais figuras possuem mais que um eixo de simetria?
c) Com um elástico, coloque os eixos de simetria nas figuras.

3. A figura ao lado tem metade de um desenho e seu eixo de simetria. Construa a figura inteira no geoplano e depois copie esse gato em uma folha em branco. Coloque-a sobre a malha pontilhada para ficar mais fácil de reproduzir seu desenho. Depois, complete o desenho colocando os olhos, bigodes e outros detalhes que desejar.

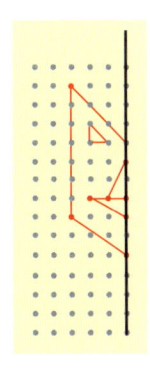

1° 2° **3° 4° 5°** ANO ESCOLAR

5 Construindo no geoplano I

Conteúdos
- Figuras planas
- Desenvolvimento de habilidades espaciais: discriminação visual, percepção de posição, constância de forma e tamanho

Objetivos
- Visualizar, comparar, desenhar e imaginar figuras em diferentes posições
- Compor e decompor figuras
- Desenvolver noções de medidas

Recursos
- Um geoplano e elásticos coloridos por dupla, papel branco, lápis, régua e folha de atividades da p. 59

Descrição das etapas

- **Etapa 1**

Entregue a cada dupla um geoplano e alguns elásticos coloridos. Solicite que eles construam:
1. Uma figura qualquer.
2. O menor triângulo. O maior triângulo.
3. O menor quadrado. O maior quadrado.
4. Um retângulo em que o elástico passe por 16 pinos. É possível fazer um retângulo diferente em que o elástico também passe por 16 pinos? Compare o seu retângulo com o de seus colegas
5. Uma figura em que todos os lados tenham a mesma medida. Compare se a sua figura é igual à do seu colega.

Após cada uma das construções realizadas, socialize com o grupo as diversas possibilidades encontradas. Promova uma discussão sobre quais figuras ficaram iguais e quais ficaram diferentes.

Se todos os triângulos estiverem na mesma posição, desafie-os a encontrar outras posições para representá-lo, como no exemplo ao lado.

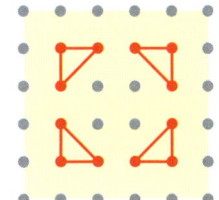

Geoplano | 57

Pergunte a eles se esses são triângulos diferentes ou se são o mesmo triângulo.
Observe que muitas crianças pensam que não são a mesma figura por estarem em posições diferentes. Se for preciso, mova o geoplano para convencê-los de que se trata da mesma figura.

- **Etapa 2**

Entregue a cada dupla um geoplano e alguns elásticos coloridos. Proponha a eles que façam as atividades.
Discuta com os alunos sobre o que eles observaram para dar continuidade à sequência; o que muda de um elemento da sequência para o próximo; como eles perceberam isso.
Compare com os alunos os retângulos que aparecem na atividade 2 com os que aparecem na atividade 3. Liste com eles no quadro as semelhanças e diferenças entre eles.

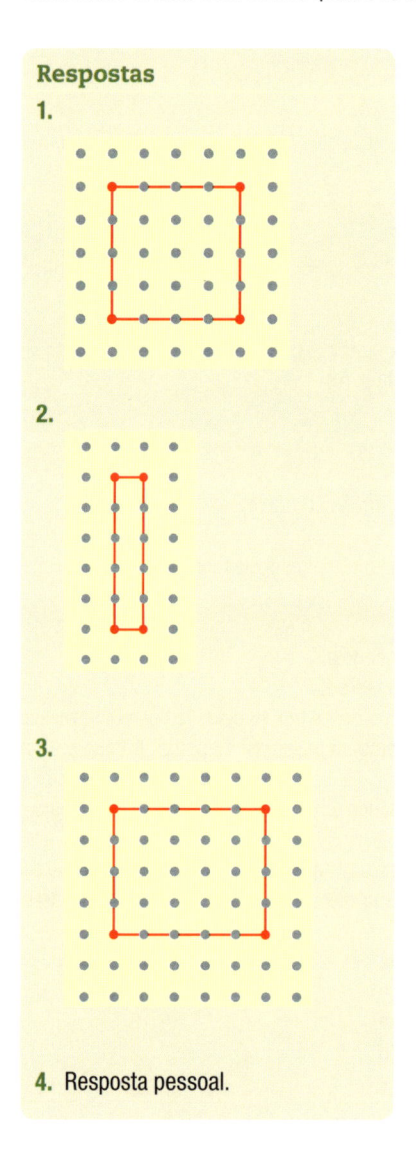

Respostas

1.

2.

3.

4. Resposta pessoal.

ATIVIDADES

1. Observe as figuras a seguir. Qual seria o próximo quadrado desta sequência? Construa-o no geoplano.

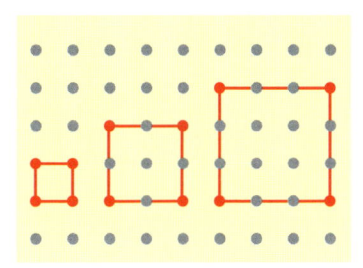

2. Qual seria o próximo retângulo desta sequência? Construa-o no geoplano.

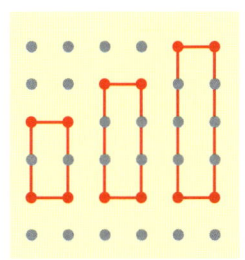

3. Construa no geoplano o próximo retângulo desta sequência.

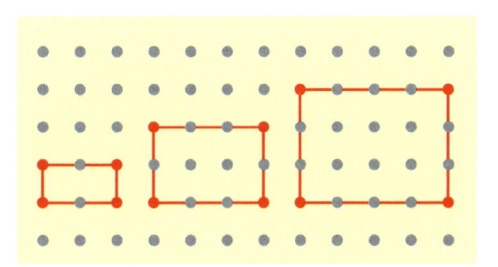

4. Invente uma sequência e mostre a seu colega para ele continuá-la em seu geoplano.

1º 2º **3º 4º 5º** ANO ESCOLAR

6 Construindo no geoplano II

Conteúdos
- Figuras planas
- Desenvolvimento de habilidades espaciais: discriminação visual, percepção de posição, constância de forma e tamanho

Objetivos
- Visualizar, comparar, desenhar e imaginar figuras em diferentes posições
- Compor e decompor figuras

Recursos
- Um geoplano e elásticos coloridos por dupla, papel branco, lápis e régua

Descrição das etapas

- **Etapa 1**

Entregue a cada dupla um geoplano e alguns elásticos coloridos. Solicite que eles construam as figuras descritas a seguir. Ao final de cada construção, peça às crianças que socializem seus trabalhos.

1. Uma figura que seja composta por 1 triângulo e 1 quadrado.
2. Uma figura formada por 1 losango e 2 triângulos.
3. Uma figura que seja composta por 3 quadrados de tamanhos diferentes.
4. Uma figura que seja composta por 1 retângulo não quadrado, 1 quadrado e 2 triângulos.

Losango: figura plana com os 4 lados do mesmo tamanho.

A seguir, escolha duas figuras formadas pelos alunos no item 3, que não sejam iguais, e faça com eles uma lista de semelhanças e outra de diferenças entre as duas figuras.
Escolha um dos itens acima, peça às crianças que representem em papel branco e faça uma exposição na classe para eles perceberem a diversidade de figuras criadas. Promova espaço para que eles conversem sobre as produções.

- **Etapa 2**

Entregue a cada dupla um geoplano e alguns elásticos coloridos.
Peça a eles que criem figuras que satisfaçam às seguintes condições:
1. Um retângulo formado por dois quadrados de mesmo tamanho.

2. Um quadrado formado por dois triângulos de mesmo tamanho.
3. Um triângulo formado por dois triângulos iguais.
Depois de cada construção, socialize as respostas dos alunos. Questione se todos construíram figuras de mesmo tamanho.
Ao final, cada aluno escolhe uma das construções feitas por ele e desenha a figura em folha branca com apoio da régua. Incentive-os a colorir as figuras e exponha as produções dos alunos para que todos possam apreciar os desenhos.

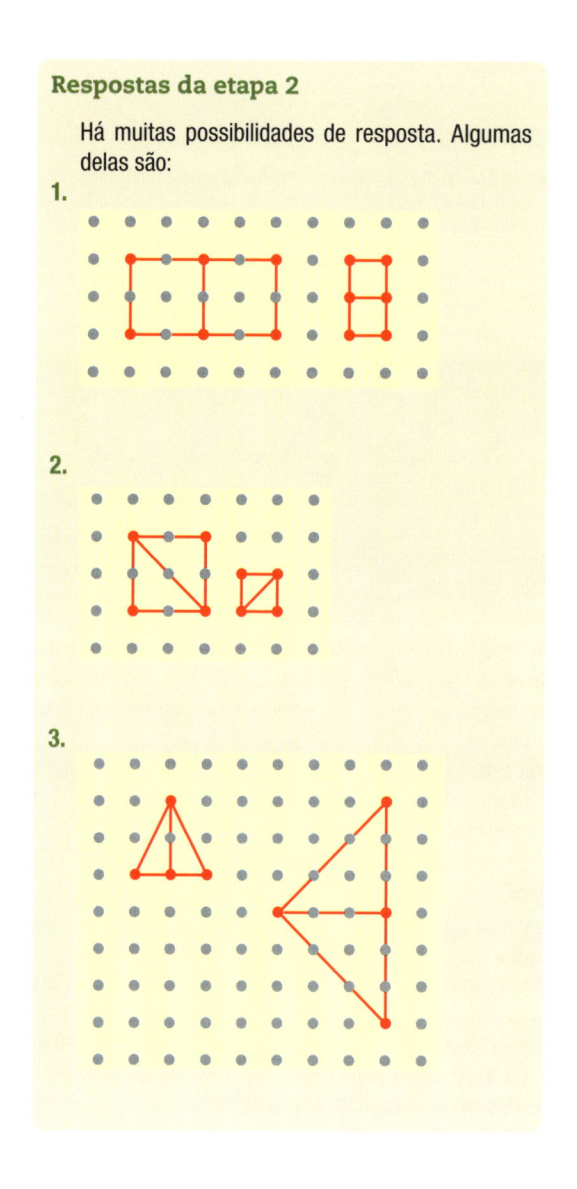

Respostas da etapa 2

Há muitas possibilidades de resposta. Algumas delas são:

1.

2.

3.

7 Figuras simétricas

1° 2° 3° 4° 5° ANO ESCOLAR

Conteúdo
- Simetria

Objetivos
- Reconhecer figuras simétricas
- Construir figuras a partir de um eixo de simetria

Recursos
- Um geoplano e elásticos coloridos por dupla, folha branca, lápis, lápis de cor, régua e folha de atividades da p. 65

Descrição das etapas

Esta sequência de atividades deve ser proposta depois da sequência "Completando figuras".

- **Etapa 1**

Entregue a cada dupla um geoplano e alguns elásticos coloridos. Proponha a eles que façam a atividade 1.
Promova uma discussão coletiva sobre o que precisaram observar para fazer a figura simétrica a ela. Caso não surja espontaneamente, atente para a distância entre o barco e o eixo de simetria e que é necessário que os tamanhos das linhas sejam iguais nas duas figuras.

fique atento!

A figura do barco, assim como a figura que é proposta na atividade 2, não possui eixo de simetria, mas a partir de um eixo é possível construir outra figura simétrica a ela. As duas figuras passam a ter esse eixo como eixo de simetria e cada uma delas é chamada de simétrica da outra de acordo com esse eixo. Para os alunos do início do Ensino Fundamental, não é importante a terminologia, mas eles devem compreender que, na simetria, a linha que chamamos de eixo é como um espelho que reflete uma imagem na outra. Se for preciso, use com cuidado um espelho com moldura e posicione-o sobre o eixo para mostrar as duas partes da figura como imagens refletidas uma da outra.

- **Etapa 2**

Entregue a cada dupla um geoplano e alguns elásticos coloridos. Proponha a eles que façam a atividade 2.

Após a troca dos bilhetes, faça um levantamento com o grupo de quais informações seriam necessárias para que o leitor compreendesse a mensagem que estava sendo transmitida.

É possível fazer uma lista coletiva, com o que os alunos escreveram nos bilhetes, sobre os cuidados para se fazer a figura simétrica. Essa lista pode ser copiada no caderno pelos alunos e consultada quando forem fazer uma atividade similar.

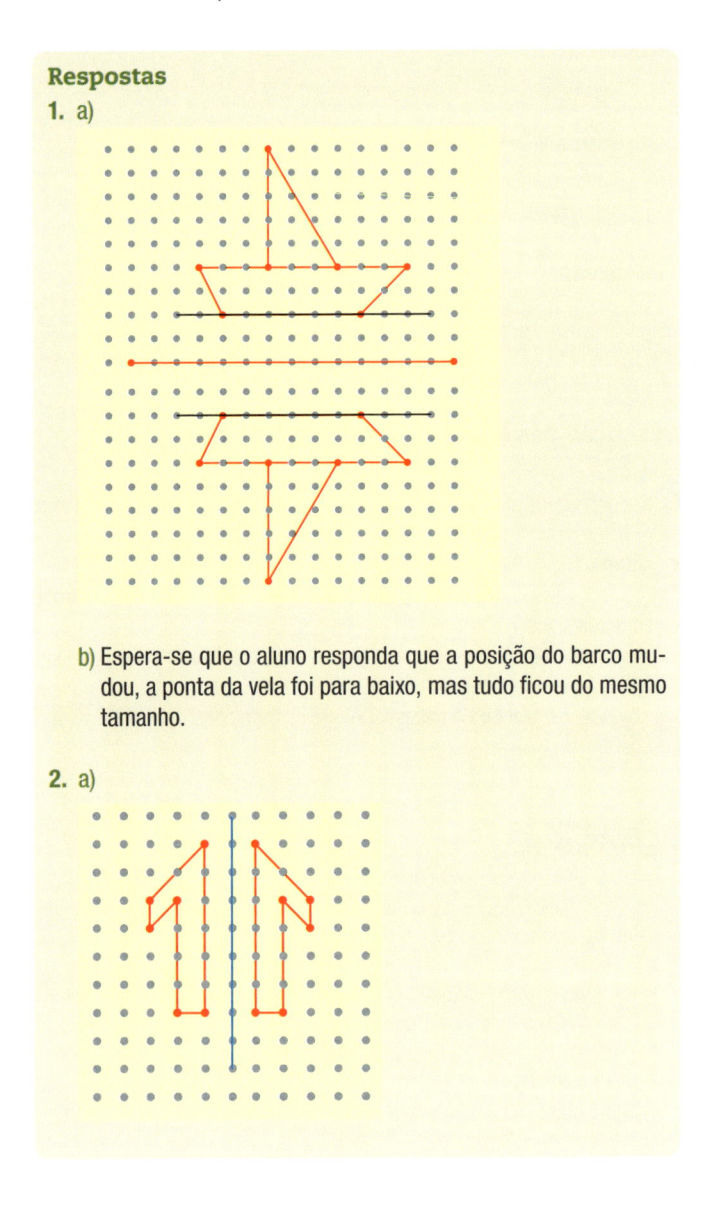

Respostas

1. a)

b) Espera-se que o aluno responda que a posição do barco mudou, a ponta da vela foi para baixo, mas tudo ficou do mesmo tamanho.

2. a)

ATIVIDADES

1. Observe a figura abaixo. A linha mais grossa chama-se eixo de simetria; pense nela como se fosse um espelho.

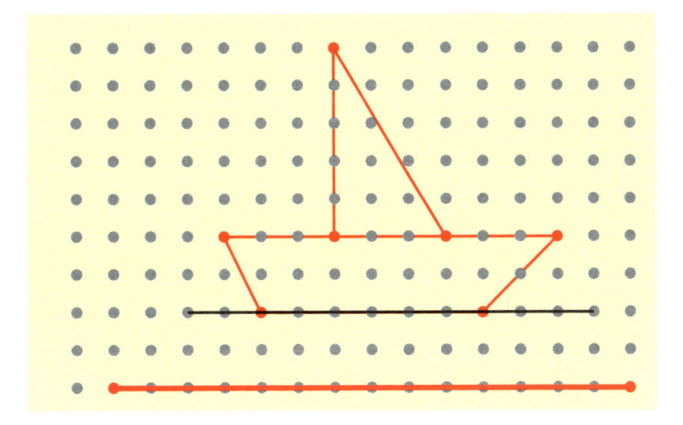

   a) Copie essa figura no geoplano e faça a figura refletida do barco pela linha do eixo dado.
   b) Compare as duas figuras que você construiu. O que mudou de uma para outra?

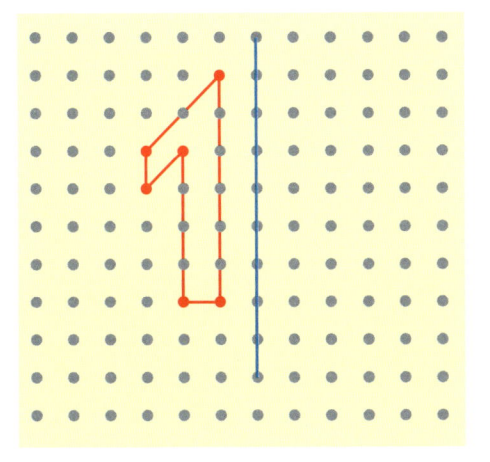

2. Observe a figura abaixo:

   a) Construa no seu geoplano como seria a figura simétrica a essa refletida na linha azul.
   b) Escreva no caderno um bilhete para seu amigo contando como você colocou o elástico para construir a figura simétrica.
   c) Compare seu bilhete com o do seu colega e veja se as informações que vocês colocaram explicam bem o que vocês fizeram na figura.

1° 2° 3° **4° 5°** ANO ESCOLAR

8 Criando figuras I

Conteúdos
- Ângulos
- Paralelas

Objetivos
- Identificar ângulos, paralelismo de lados em figuras planas
- Identificar características dos polígonos

Recursos
- Um geoplano e elásticos coloridos por dupla

Descrição das etapas

- **Etapa 1**

Inicialmente, pergunte aos alunos como construir um ângulo reto no geoplano.
Espera-se que os alunos percebam que, devido à forma quadriculada do geoplano, existem nele vários ângulos retos. A partir de um pino, esticando-se o elástico nas linhas que se apoiam nas direções horizontal e vertical, tem-se sempre ângulos retos.
Discuta com os alunos como eles fazem para construir o ângulo reto, o ângulo menor que o reto e o maior que o reto no geoplano.
Depois disso, entregue a cada dupla um geoplano e alguns elásticos coloridos. Solicite que os alunos construam:

1. Uma figura com 4 ângulos retos e uma figura com somente um ângulo reto.
2. Uma figura que não tenha ângulos retos.
3. Uma figura em que todos os ângulos sejam menores que o reto.
4. Uma figura em que haja um ângulo maior que o reto.
5. Um quadrilátero que tenha somente 2 ângulos retos.
6. Uma figura com 2 ângulos maiores que o reto e o menor número de lados possível.

> **Ângulo reto:** ângulo de um quarto de volta.
>
> **Quadrilátero:** figura com 4 lados.

- **Etapa 2**

Entregue a cada dupla um geoplano e alguns elásticos coloridos. Peça que coloquem dois elásticos para obter duas linhas paralelas.
Converse com os alunos sobre como o geoplano ajuda a construir linhas paralelas. Pergunte como podem ser os lados de uma figura para que eles sejam paralelos.

Verifique as hipóteses que trazem sobre o significado de linhas paralelas. Ao discutir as falas dos alunos, estabeleça com eles que duas linhas paralelas são as que mantêm sempre a mesma distância entre si e nunca se cruzam.

Peça que identifiquem lados paralelos nas figuras mais usuais, como quadrado ou retângulo. Depois, solicite aos alunos que construam:

1. Uma figura com um par de lados paralelos.
2. Uma figura que não tenha lados paralelos.
3. Uma figura com 2 pares de lados paralelos.
4. Uma figura com 3 pares de lados paralelos.
5. É possível fazer um pentágono com 2 pares de lados paralelos do mesmo tamanho? Por quê?

Pentágono: polígono de 5 lados.

Desafie-os a construir uma figura com o maior número de pares de lados paralelos que conseguirem. Socialize as descobertas pedindo a eles que justifiquem suas construções.

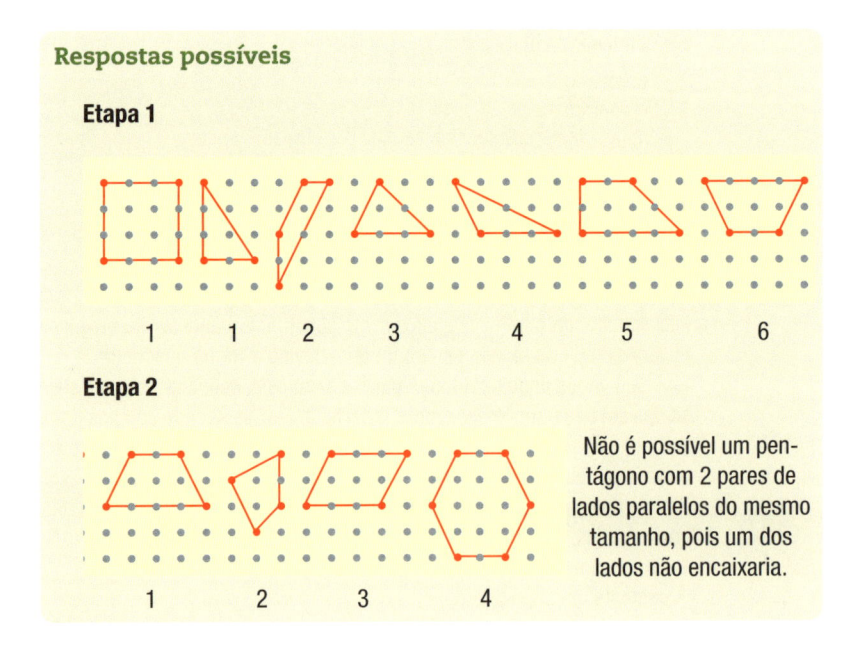

Respostas possíveis

Etapa 1

1   1   2   3   4   5   6

Etapa 2

1   2   3   4

Não é possível um pentágono com 2 pares de lados paralelos do mesmo tamanho, pois um dos lados não encaixaria.

1º 2º 3º **4º 5º** ANO ESCOLAR

9 Comparando tamanhos

Conteúdos
- Área
- Perímetro

Objetivos
- Identificar área e perímetro de figuras planas
- Comparar área e perímetro
- Perceber que duas figuras podem ter mesma área e diferentes perímetros ou vice-versa

Recursos
- Um geoplano e elásticos coloridos por dupla, folha branca, lápis, régua e folha de atividades da p. 71 e malha pontilhada

Descrição das etapas

- **Etapa 1**

Entregue a cada dupla um geoplano e alguns elásticos coloridos. Proponha que eles façam a atividade 1.

Promova uma discussão coletiva sobre as diferentes figuras construídas por eles e incentive-os a encontrar outras construções possíveis.

Observe que muitas vezes os alunos consideram duas figuras diferentes apenas porque estão em posições diferentes, por exemplo:

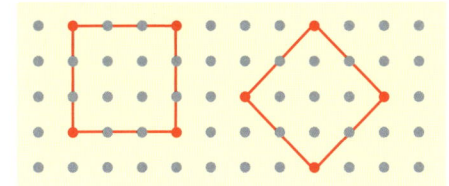

Quando isso acontece, é preciso intervir e, muitas vezes, mover o geoplano para que eles se convençam de que se trata da mesma figura.

- **Etapa 2**

Entregue a cada dupla um geoplano e alguns elásticos coloridos. Proponha que eles façam a atividade 2.

Novamente socialize as respostas obtidas entre duplas de alunos e escolha algumas das figuras feitas para discutir com toda a classe, especialmente as construções que provo-

Geoplano | 69

carem controvérsias entre os alunos ou aquelas que não estiverem corretas, para que os colegas expliquem o que falta e como corrigir.

Depois dessa atividade, sistematize o significado de perímetro e de área de uma figura, utilizando as figuras construídas pelos alunos.

- **Etapa 3**

Entregue a cada dupla um geoplano e alguns elásticos coloridos. Peça a eles que façam o maior número possível de figuras com perímetro de 10 lados de quadradinho.

Depois, em uma folha branca, com uso da régua, os alunos devem desenhar as figuras que fizeram no geoplano. Se for possível, providencie folhas quadriculadas ou malhas pontilhadas, pois isso agiliza bastante a produção dos desenhos.

Organize um mural com os desenhos feitos pelos alunos, mas antes combine com eles que não registrem duas vezes a mesma figura; assim, eles devem observar os registros anteriores e buscar outras figuras.

Respostas

1. a) 5 quadradinhos
   b) As figuras **B**, **C** e **F** possuem o mesmo número de quadradinhos que a figura **A**.
   c) A maior figura é a figura **D** e a menor é a figura **E**.
   d) Sugestão de respostas:

2. a)

Figura	Área (em quadradinhos)	Perímetro (em lados de quadradinhos)
A	5	12
B	5	10
C	5	12
D	6	10
E	4	8
F	5	12

b) Sugestão de resposta:

c) Sugestão de resposta:

d) Sugestão de resposta:

ATIVIDADES

1. Observe a figura ao lado. **A**

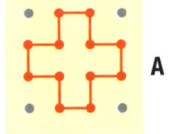

   a) Quantos quadradinhos cabem dentro da figura **A**?
   b) Quais figuras abaixo possuem o mesmo número de quadradinhos que a figura **A**?

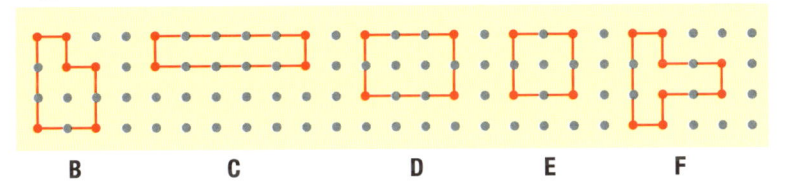

   B   C   D   E   F

   c) Qual é a maior figura? E a menor?
   d) Construa no geoplano duas figuras diferentes contendo 8 quadradinhos cada uma. Compare com seus colegas. Quantas figuras diferentes você e seus colegas conseguiram formar?

   Área: medida de uma superfície.
   Perímetro: medida do contorno de uma figura plana.

2. Observe novamente as figuras da atividade 1.
   a) Complete a tabela abaixo. A primeira linha já está feita.

Figura	Área (em quadradinhos)	Perímetro (em lados de quadradinhos)
A	5	12
B		
C		
D		
E		
F		

   b) Construa no geoplano uma figura que tenha a mesma área que a figura **E**, mas com perímetro diferente.
   c) Construa no geoplano uma figura que tenha o mesmo perímetro que a figura **E**, mas com área diferente.
   d) Construa 3 figuras com 6 quadradinhos de área e com diferentes perímetros.

1° 2° 3° **4° 5°** ANO ESCOLAR

10 Completando a simetria

Conteúdo
- Simetria

Objetivos
- Reconhecer a simetria em figuras
- Identificar o eixo de simetria
- Desenvolver senso estético

Recursos
- Um geoplano e elásticos coloridos por aluno e folha de atividades da p. 75

Descrição das etapas

Esta sequência de atividades deve ser proposta depois das sequências "Completando figuras" e "Figuras simétricas".

- **Etapa 1**

Entregue a cada dupla um geoplano e alguns elásticos coloridos. Proponha a eles que façam a atividade 1.

Após a construção de cada uma das figuras, peça a eles que justifiquem por que as outras não servem como resposta. Estimule-os a fazer descrições detalhadas e usar a nomenclatura matemática; por exemplo, ao juntar a figura **C** com a figura 1 os vértices sobre o eixo não coincidiriam.

Peça que construam no geoplano a figura simétrica a cada uma das outras não utilizadas. Desafie-os perguntando: "Se o eixo de simetria estivesse em outra posição, haveria alguma figura simétrica possível na atividade?".

- **Etapa 2**

Entregue a cada aluno um geoplano e alguns elásticos coloridos.
1. Peça que construam a metade de uma figura no geoplano e marquem o eixo de simetria.
2. Em seguida, oriente-os a trocar o geoplano com outra dupla para que cada uma complete a figura da outra.
3. Discutam se as figuras criadas possuem somente um eixo de simetria.

Promova uma socialização das figuras criadas.

Discuta com eles quais tipos de figuras puderam ser criadas (em geral são polígonos). Pergunte por que não é possível criar uma figura arredondada, ou uma figura aberta, no geoplano.

Desafie-os para que coloquem o elástico de tal forma que a figura não seja um polígono.

fique atento!

O elástico impede a construção de figuras abertas no geoplano e os pinos com o elástico esticado entre eles não permite formas arredondadas. No entanto, é possível construir não polígonos com um elástico, bastando para isso cruzar as linhas dos lados, como na figura mostrada.

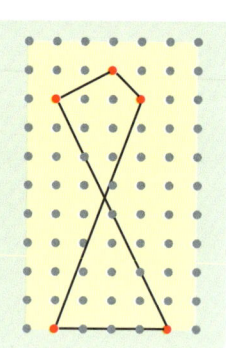

Respostas

1. a) Figura **B**.
   b)

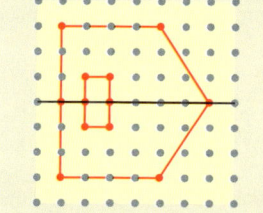

2. a) Figura **B**.
   b)

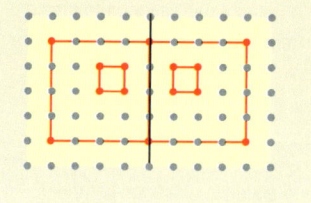

ATIVIDADES

1. Observe esta figura e seu eixo de simetria:

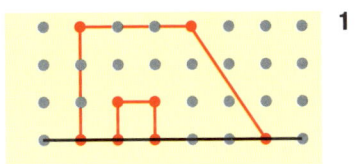

   a) Qual das três partes abaixo é simétrica da figura 1 em relação à linha preta?

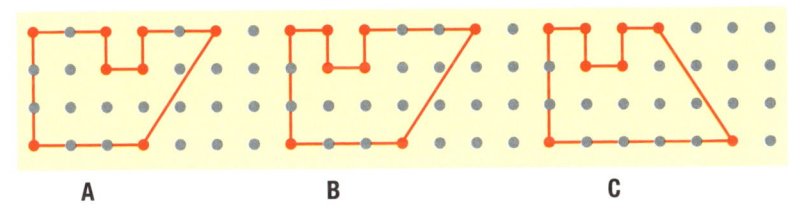

   A   **B**   **C**

   b) Construa a figura completa no geoplano para conferir.

2. Observe agora esta figura e o eixo de simetria de cor preta:
   a) Qual das figuras **A**, **B** ou **C** completa a figura para que ela fique simétrica?

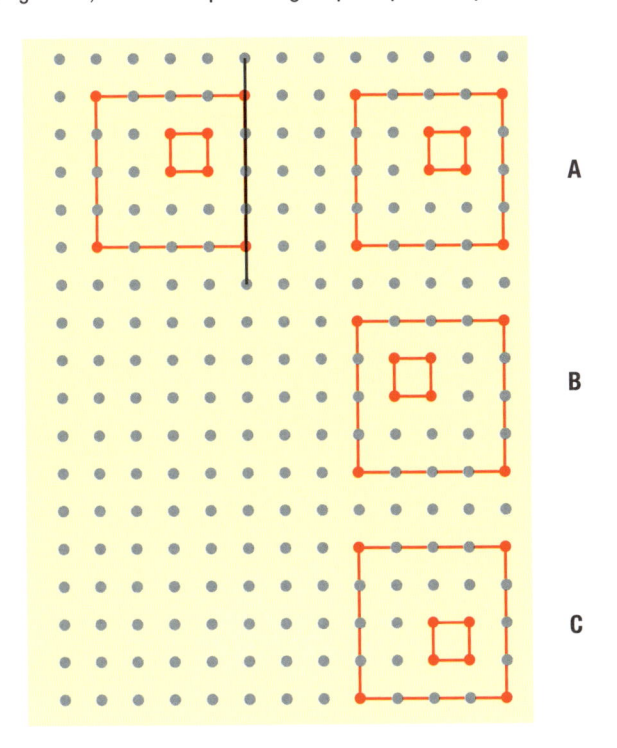

   b) Construa a figura completa no geoplano para conferir.

Geoplano | 75

1° 2° 3° 4° **5°** ANO ESCOLAR

11 Criando figuras II

Conteúdos
- Ângulos em polígonos
- Paralelismo de lados de polígonos
- Simetria

Objetivos
- Identificar ângulos, paralelas e simetria em figuras planas
- Perceber características dos polígonos

Recursos
- Um geoplano e elásticos coloridos por dupla, caderno e lápis

Descrição das etapas

Esta sequência de atividades deve ser proposta após as sequências "Figuras simétricas" e "Criando figuras I".

- **Etapa 1**

Entregue a cada dupla um geoplano e alguns elásticos coloridos. Solicite que eles construam:
1. Uma figura com um único eixo de simetria, uma com 2 eixos e uma que não tenha eixos de simetria.
2. Veja se eles conseguem achar alguma figura com mais de 3 eixos de simetria. Qual? Peça que marquem esses eixos.
3. Solicite que criem uma figura e peçam ao colega que marque os eixos de simetria com um elástico de outra cor.

A socialização das descobertas dos alunos é de extrema importância para construir o conceito de figuras com simetrias e para ampliar o repertório deles quanto a figuras com eixos de simetria.

- **Etapa 2**

Entregue a cada dupla um geoplano e alguns elásticos coloridos. Os alunos precisarão também de caderno e lápis. Solicite a eles que construam:
1. Uma figura com 2 ângulos retos, um par de lados paralelos e nenhum eixo de simetria.
2. Uma figura com nenhum ângulo reto, 2 pares de lados paralelos e 2 eixos de simetria.

3. Um hexágono e marquem no caderno quantos ângulos retos, quantos ângulos maiores que o reto e quantos menores que o reto ele possui.

Hexágono: polígono de 6 lados.

4. Uma figura qualquer e escrevam no caderno quantos ângulos retos, quantos pares de lados paralelos e quantos eixos de simetria ela possui. Em seguida, peça que troquem com seu colega de dupla para que cada um confira a figura e as anotações feitas pelo outro.

Socialize as construções dos alunos em cada item. Peça que a cada vez diferentes alunos falem sobre suas figuras, mostrando onde estão os ângulos retos, os lados paralelos e os eixos de simetria.

Anote as falas dos alunos, pois elas, com a produção dos alunos no item 4, podem ser utilizadas como instrumento de avaliação deles em relação à identificação de ângulos retos, paralelismo de lados e eixos de simetria de figuras planas.

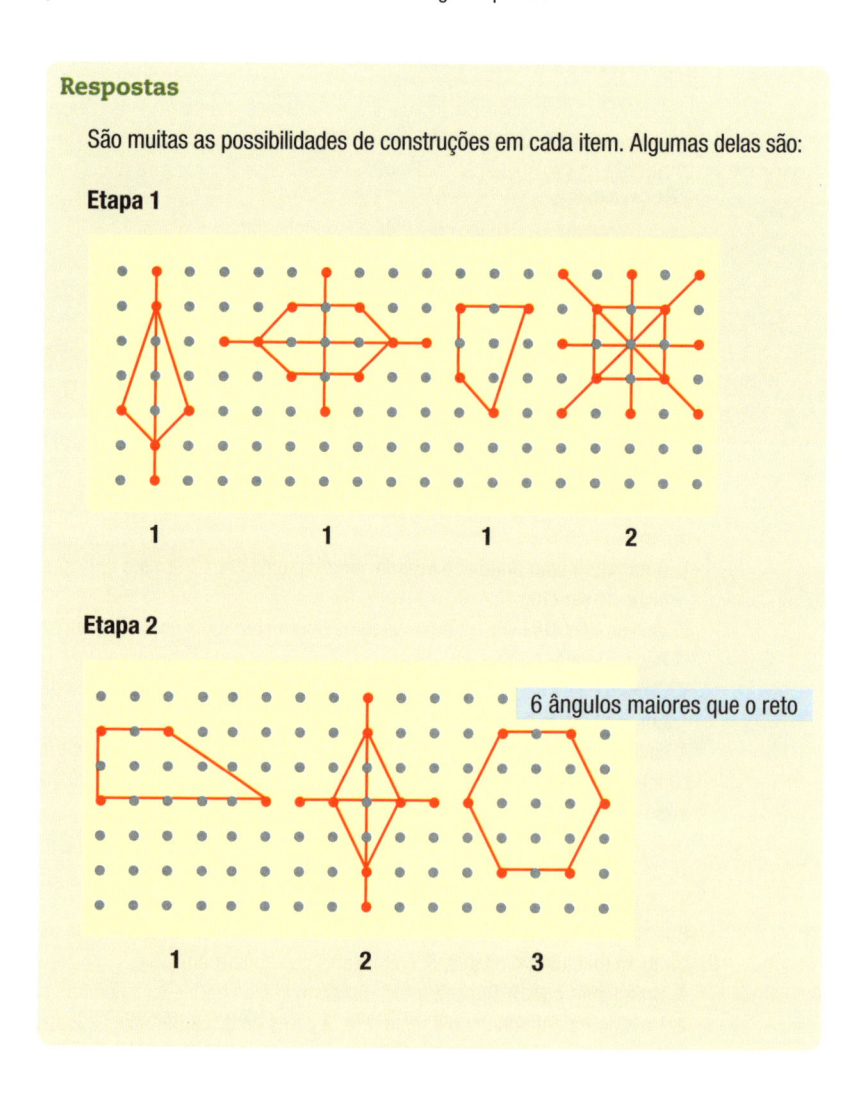

Respostas

São muitas as possibilidades de construções em cada item. Algumas delas são:

Etapa 1

1   1   1   2

Etapa 2

6 ângulos maiores que o reto

1   2   3

Mosaico

O mosaico é um conjunto de figuras planas coloridas que possuem várias relações umas com as outras.

Com forte apelo estético, as cores e o equilíbrio das formas tornam esse material muito atrativo e instigante para os alunos. Assim que as peças são apresentadas, é muito comum que, pela manipulação livre, os alunos percebam algumas relações entre elas e busquem compor novas figuras, quase sempre buscando algum padrão estético de repetição das formas e cores.

Esse material pode ser usado apenas como um quebra-cabeça para a composição de novas figuras ou pode ser apoio para outros objetivos relacionados à geometria das formas ou a propriedades de números.

No caso específico desse material, se consideramos a peça maior – o hexágono – como o inteiro, as demais peças passam a corresponder a frações dessa peça. As relações entre as peças podem corresponder a comparação, equivalência, adição ou subtração de frações, desde que as atividades orientem a reflexão nessa direção.

No âmbito geométrico, as primeiras atividades com figuras planas podem ser feitas com esse material, pois, por seu aspecto estético, ele encanta quem o manipula e, na etapa inicial de exploração, os alunos podem conhecer os nomes das figuras que serão trabalhadas em diversos momentos da escolaridade.

Esse material pode ser usado para a formação de outras figuras, ampliando as que os alunos conseguem identificar e nomear. As habilidades de perceber e realizar a composição ou decomposição de figuras, essenciais para compreender os conceitos de fração e de área, podem ser desenvolvidas nas atividades com o mosaico.

No entanto, a principal característica desse material é permitir a formação de mosaicos, ou seja, de recobrimentos do plano por padrões formados com as peças – padrões que se repetem seguindo alguma regra lógica. Nesse tipo de atividade, o aluno deve analisar relações entre lados e ângulos das figuras para que o mosaico possa ser construído.

Mosaico formado por meio da repetição de padrões.

Mosaico

O uso do mosaico como recurso para apoiar a aprendizagem do conceito de frações e do significado de equivalências entre frações, assim como do conceito de área, também pode se iniciar com atividades envolvendo a manipulação das peças a partir do 4º ano do Ensino Fundamental.

O material

As peças que compõem o mosaico são:

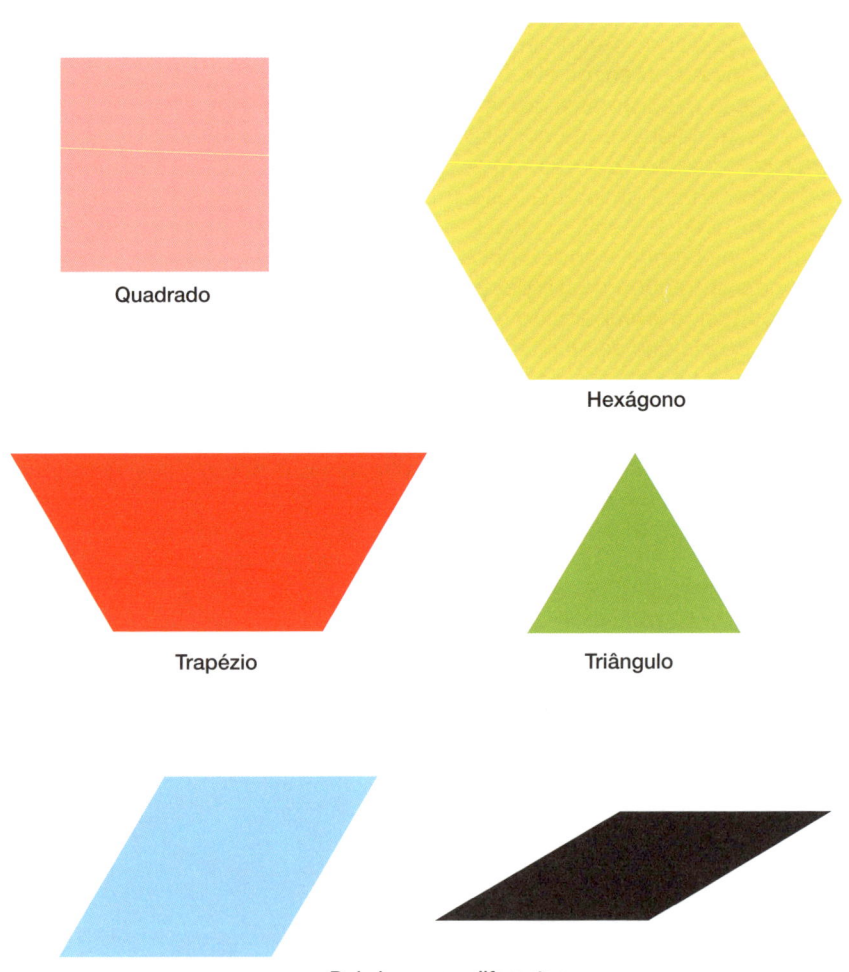

Quadrado

Hexágono

Trapézio

Triângulo

Dois losangos diferentes

Essas peças podem ser encontradas à venda em *kits* comerciais, produzidas em EVA (um tipo de borracha chamado Etil Vinil Acetato), mas podem ser feitas por você e seus alunos, reproduzindo as peças que se encontram no capítulo 4 e colando-as em papel mais grosso, como papel-cartão ou cartolina, antes de serem recortadas.

Peças feitas de EVA.

O material completo é composto de:
- 6 hexágonos;
- 10 trapézios;
- 16 quadrados;
- 15 losangos maiores;
- 15 losangos menores e mais alongados;
- 20 triângulos.

Se você desejar utilizar outro material, ou ainda montar as formas no computador e imprimir em papel mais grosso, é importante conhecer a relação que deve ser mantida entre as peças.

Escolhido o tamanho do hexágono, o trapézio corresponde à metade do hexágono; o triângulo é equilátero e corresponde a um sexto do hexágono.

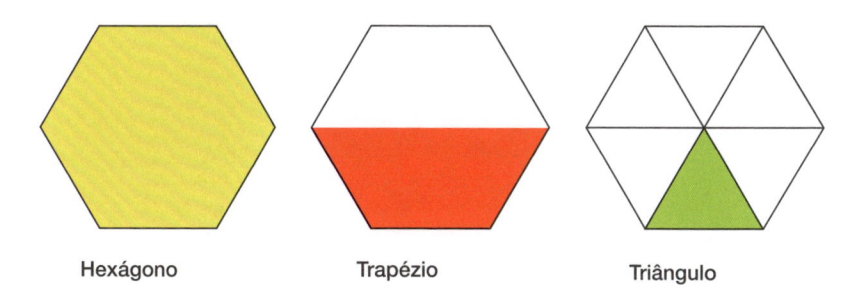

Hexágono Trapézio Triângulo

Mosaico

O losango maior equivale a 2 triângulos; logo, corresponde a um terço do hexágono.

O quadrado tem a medida do lado igual à medida do lado do hexágono; portanto, quadrado e hexágono têm lados com a mesma medida dos lados do triângulo e do losango maior.

Finalmente, o losango menor tem a mesma medida de lado que o losango maior, o quadrado, o triângulo e o hexágono, mas tem o ângulo menor igual à metade do ângulo do losango maior. Como o ângulo do losango maior mede 60°, o ângulo menor do pequeno losango mede 30°. Para essa última construção você precisará de um transferidor ou de um esquadro.

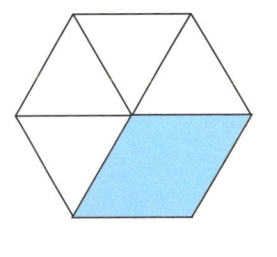

Losango maior   Quadrado   Losango menor

1° 2° 3° 4° 5° ANO ESCOLAR

1 Explorando as peças

Conteúdo
- Polígonos

Objetivos
- Reconhecer propriedades de polígonos relativas a lados e vértices
- Desenvolver linguagem relativa a figuras geométricas planas

Recursos
- Um mosaico por aluno, folha de papel branco, lápis de cor e folha de atividades da p. 85

Descrição das etapas

- **Etapa 1**

Entregue as peças do mosaico a cada aluno e permita que, inicialmente, explorem livremente as peças.

Encaminhe a atividade com a retomada do nome de cada polígono. Os alunos não costumam ter dificuldade na nomeação de quadrado e triângulo; no entanto, losango, trapézio e hexágono são nomes de polígonos que requerem mais atenção.

- **Etapa 2**

A seguir, distribua as atividades (mais à frente, no item "Atividades"). Peça que leiam a atividade 1 e promova uma discussão coletiva sobre o que é um mosaico. Questione se já conheciam mosaicos e incentive-os a observar ao seu redor e perceber se há algum tipo de mosaico e se conseguem dar outros exemplos de mosaicos. Sugira uma ida à biblioteca da escola para descobrirem mais sobre o assunto. Artistas como Milton da Costa, Maurits Cornelis Escher e Antoni Placid Gaudí i Cornet são referências para pesquisa sobre mosaicos.

Mosaicos na natureza.

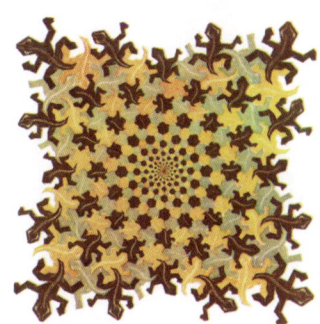

Evolução II, xilogravura de M. C. Escher, 1939.

Mosaico | 83

Na internet também há muitos *sites* de pesquisa sobre o assunto, como:
<http://mathematikos.psico.ufrgs.br/disciplinas/ufrgs/mat01039031/webfolios/darla/mosescher.htm>

> **fique atento!**
>
> As peças do mosaico são de cores diferentes das do mosaico proposto para o aluno reproduzir. Ao reproduzir um mosaico, o objetivo é levar o aluno a perceber propriedades de figuras planas; no caso, triângulo e losango e características de um mosaico, que envolvem padrões e formas. As cores não são relevantes para a compreensão do estudo das figuras planas.

- **Etapa 3**

Distribua uma folha em branco para cada aluno e incentive-os a fazer um mosaico. Antes de iniciar a atividade, peça que façam uma margem e decidam se desejam usar a folha na horizontal ou na vertical.

Caso seus alunos não tenham feito nenhuma atividade em que é pedido para carimbar, exemplifique no quadro.

Ao final, peça que deem um título para a atividade e exponha todos os trabalhos para que a classe possa analisar e apreciar.

Em outro momento, ao retomar atividades com mosaicos, você pode pedir que observem novamente o trabalho dos alunos, questionando quais peças usaram, se conseguem perceber que, apesar de as peças estarem em posições diferentes, elas mantêm suas propriedades, como quantidade de lados, vértices. Assim, um trapézio, por exemplo, independente da posição que ele ocupa, é um polígono com 4 lados, 4 vértices, 2 lados paralelos; no caso das peças do mosaico, o trapézio tem dois lados de mesma medida.

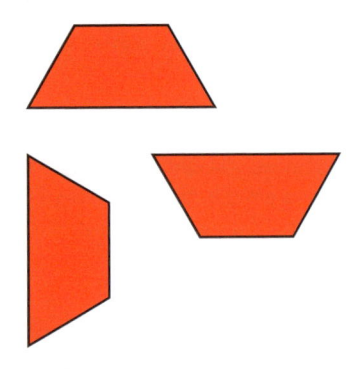

Respostas

1. a) Resposta pessoal. Espera-se que os alunos digam algo semelhante a "mosaico é uma composição de figuras"; "mosaico são figuras que recobrem um espaço", entre outras.

ATIVIDADES

1. Esta figura é um exemplo de mosaico:

   a) O que é um mosaico?
   b) Use as peças para reproduzir esse mosaico.

2. Crie outro mosaico que possa ser feito com dois tipos de peças diferentes. Registre seu mosaico carimbando as peças em uma folha; para isso, contorne cada peça com um lápis. Você pode colorir ao final. Uma boa ideia para deixar seu trabalho mais caprichado é usar a régua e fazer uma margem na folha.

1° 2° 3° 4° 5° ANO ESCOLAR

2 Decomposição de hexágonos e trapézios

Conteúdo
- Polígonos: hexágonos e trapézios

Objetivos
- Relacionar as peças do material
- Compor e decompor hexágonos e trapézios
- Desenvolver habilidades visuais e motoras

Recursos
- Um mosaico por aluno, caderno, régua e lápis de cor

Descrição das etapas

- **Etapa 1**

Entregue a cada aluno as peças do mosaico e retome com todos eles os nomes de cada uma: triângulos, quadrados, losangos, trapézios e hexágonos.
Em seguida, diga que separem os hexágonos e conte com eles quantos lados e vértices cada um deles possui.
Desafie-os a recobrir o hexágono de diferentes formas, usando as outras peças do mosaico, e a tentar desenhar cada composição feita para montar o hexágono.
Esse desenho pode ser feito sobrepondo as peças sobre papel e contornando-as ou, no caso de alunos que já utilizam a régua, isso pode ser feito com o auxílio desse instrumento. Cada um pode colorir o seu hexágono e você pode expor os desenhos em um mural na sala de aula ou fora dela para que todos apreciem as produções feitas.

fique atento!

Aproveite para apreciar o trabalho de todos, elogiando o que cada um fez.
Para traçar os polígonos dentro dos hexágonos é necessário unir vértices. Chame a atenção dos alunos para esse fato; lembre-se de que eles estão em processo de desenvolvimento da linguagem matemática, assim, é importante que você use termos como lado e vértice sem corrigir os que chamam de "canto" ou "ponta", para que com o tempo os alunos se apropriem desses termos.

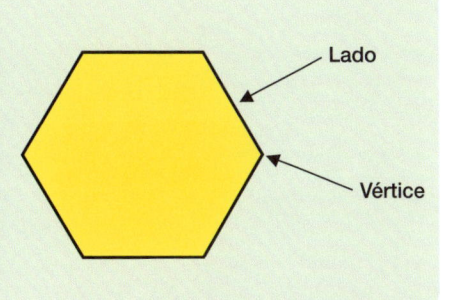

Mosaico | 87

- **Etapa 2**

Entregue as peças do mosaico aos alunos, peça que separem os trapézios e falem o que sabem sobre essa figura.

Espera-se que identifiquem que o trapézio tem 4 lados e 4 vértices, e que é diferente do quadrado e do losango, que são outras figuras do mosaico com 4 lados e 4 vértices.

Desafie os alunos a recobrir o trapézio com outras peças do mosaico, como fizeram com o hexágono. Solicite que desenhem as soluções encontradas; esses desenhos devem se juntar às decomposições do hexágono que foram feitas na etapa 1.

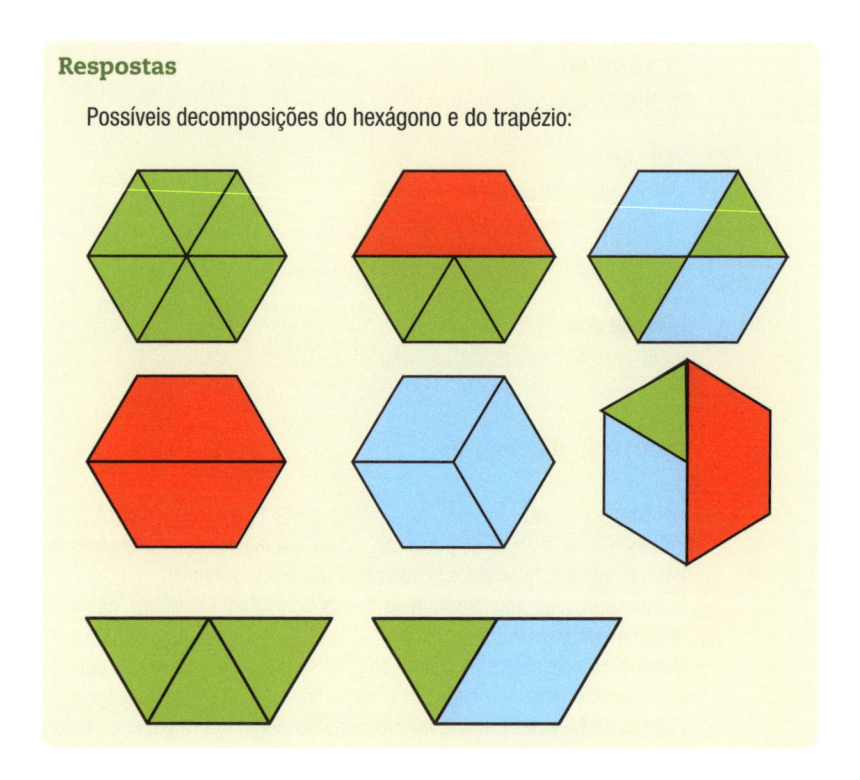

Respostas

Possíveis decomposições do hexágono e do trapézio:

1° 2° **3° 4° 5°** ANO ESCOLAR

3 Preenchendo silhuetas

Conteúdo
- Polígonos

Objetivos
- Decompor e compor polígonos
- Desenvolver discriminação e memória visual
- Perceber diferentes posições que uma figura pode assumir sem alterar a sua forma
- Desenvolver linguagem relativa a figuras geométricas planas

Recursos
- Um mosaico por aluno, caderno, folha em branco e folha de atividades da p. 91

Descrição das etapas

- **Etapa 1**

Antes de iniciar a atividade, explique que nela há dois desafios diferentes: um deles é identificar qual dica corresponde a cada polígono e o outro é compor esse polígono. Entregue as peças do mosaico e a folha de atividades a cada aluno.
O texto da atividade contém vários termos geométricos e a proposta é que os alunos busquem entendê-los. Por isso, não responda às dúvidas, mas lembre-os de que podem consultar seus registros no caderno, em dicionários ou em painéis na sala. Procure não responder por eles, mas experimente fazer perguntas que os levem a encontrar uma solução.

fique atento!

Aproveite para observar estratégias de resolução e reserve um espaço da sua aula para socializar essas estratégias. Alguns alunos, por exemplo, podem iniciar pela dica que julgam mais fácil e, por exclusão, determinar as seguintes; outros resolverão usando as informações na ordem em que elas aparecem no texto da atividade. Quais são as vantagens e desvantagens dessa escolha?
Lembre-se de que há os que resolvem na sequência do texto, pois já se apropriaram da linguagem; assim, não veem motivo para usar outra estratégia. E há os que têm dificuldade; para estes é importante perceber que, muitas vezes, iniciar pela informação mais simples ajuda a compreender as mais complexas.

- **Etapa 2**

Desafie as duplas a inventar suas próprias silhuetas e as dicas correspondentes a elas. Entregue uma folha em branco e peça que inventem uma atividade parecida com a que acabaram de fazer. Peça que registrem suas soluções no caderno.

Troque as folhas entre as duplas; assim, cada uma resolve a atividade elaborada pela outra. É um momento em que poderão avaliar se a linguagem foi adequada, se a dica criada por eles foi ou não suficiente.

Em outro momento você pode retomar essa atividade escolhendo uma silhueta de uma dupla para que todos da classe resolvam.

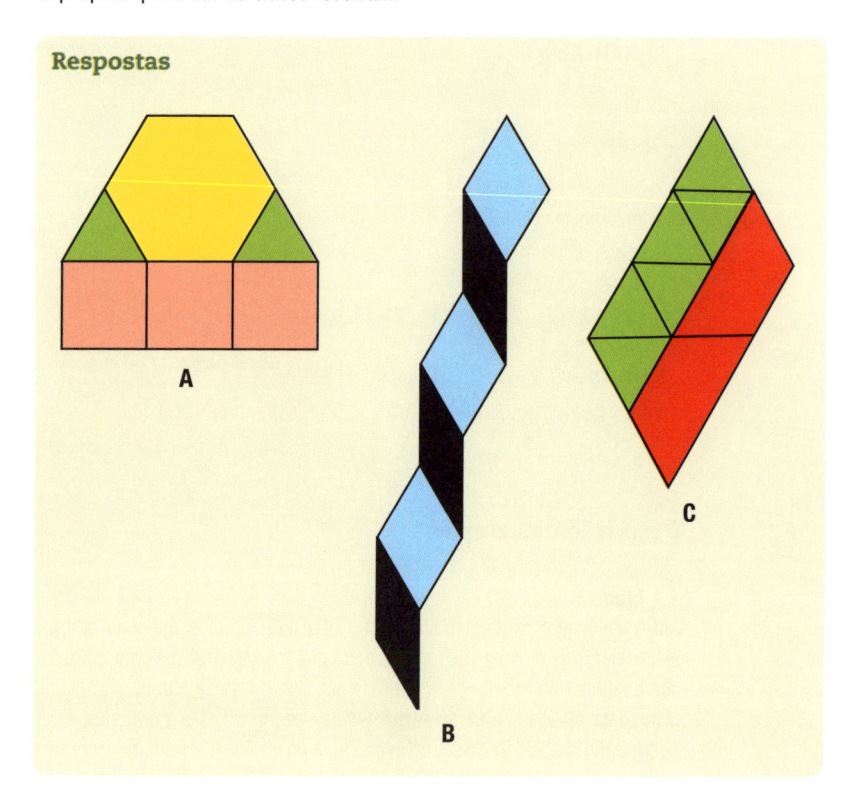

Respostas

ATIVIDADES

As silhuetas foram feitas usando apenas peças do mosaico. Leia as dicas e monte cada figura.

A. O hexágono é formado por 6 polígonos: 3 deles são quadriláteros iguais.
B. No total, 6 peças, 3 de cada formato. Veja só quantos lados, claro que não é um hexágono!
C. Para montar esse quadrilátero, não use apenas quadrilátero! Uma dica importante: para ter certeza que ficará igual a este use 8 peças do mosaico.

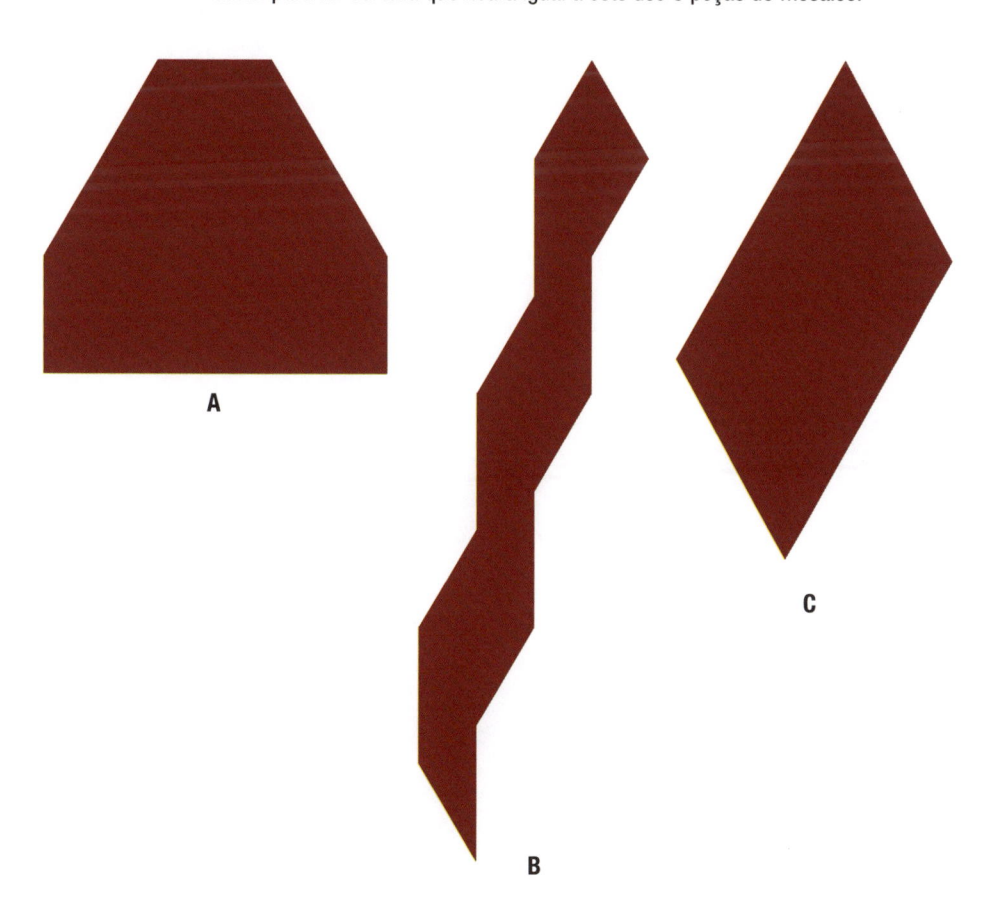

A

B

C

Mosaico | 91

1° 2° **3° 4° 5°** ANO ESCOLAR

4 Os quadriláteros

Conteúdo
- Quadriláteros

Objetivos
- Reconhecer propriedades de quadriláteros relativas a lados, vértices e ângulos
- Desenvolver a percepção visual
- Compor e decompor polígonos

Recursos
- Um mosaico por aluno, folha de papel branco e lápis de cor

Descrição das etapas

- **Etapa 1**

Entregue as peças do mosaico para cada aluno.

Peça que leiam a atividade e, se preciso, esclareça as dúvidas com relação ao enunciado. Monte um painel de soluções e motive os alunos a buscar novas maneiras de compor cada figura. Cada solução encontrada deve ser desenhada em folha branca para que depois elas possam ser analisadas pelo conjunto da classe.

Para fazer um painel de soluções, você pode usar papel pardo e separar por itens colocando todas as soluções para os quadrados, retângulos e assim por diante, ou colar as soluções encontradas pelo aluno em uma parede, desde que seja de forma organizada, pois é importante que ele perceba quantas soluções existem para o mesmo problema: nenhuma, uma ou mais de uma.

fique atento!

Ao longo da atividade, procure observar se os alunos verbalizam o nome das figuras utilizadas, se reconhecem sua forma e alguma de suas propriedades. Você pode fazer isso questionando as duplas, pedindo que registrem usando o nome das figuras e não apenas o desenho. Incentive-os a usar o que já sabem sobre decomposição de figuras para encontrar outras soluções; por exemplo, se já descobriram que 2 triângulos formam um losango, que sempre é possível trocar triângulos por losangos ou vice-versa. Organize com seus alunos estes dados – 2 triângulos formam um losango; 3 triângulos formam um trapézio; 2 trapézios formam um hexágono... – durante a socialização; essa é uma forma de fazê-los compreender procedimentos de resolução de problemas.

ATIVIDADES

Você sabe o que é um quadrilátero? Um quadrilátero é um polígono com 4 lados.

Utilize entre 2 e 10 peças do mosaico para construir os seguintes quadriláteros:
a) um quadrado;
b) um retângulo;
c) um paralelogramo;
d) um losango;
e) um trapézio.

Respostas

Algumas soluções:
Quadrados: solução única   Retângulos não quadrados

Paralelogramos:
- número par de triângulos
- número par de triângulos e 1 losango
- número par de trapézios
- várias soluções combinando hexágonos e outras peças

Losangos:
- 1 hexágono e 2 triângulos
- 2 hexágonos, 2 losangos e 2 triângulos

Trapézios:
- 1 losango e 1 triângulo
- 1 losango e 3 triângulos

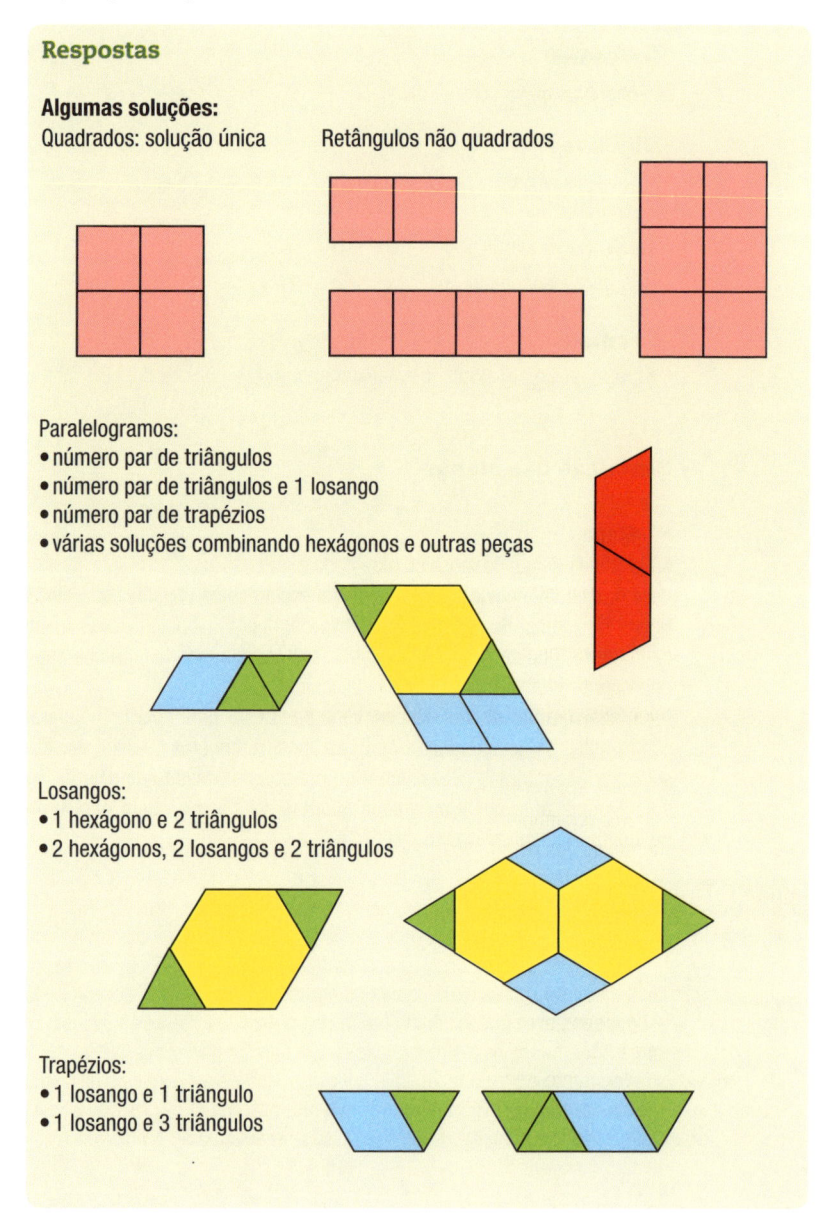

1° 2° 3° **4°** **5°** ANO ESCOLAR

5 Quadradinhos e quadradões

Conteúdo
- Polígonos: quadrados

Objetivos
- Reconhecer propriedades de quadrados relativas a lados, vértices e ângulos
- Desenvolver linguagem relativa a figuras geométricas planas

Recursos
- Um mosaico por aluno, caderno e lápis de cor

Descrição das etapas

- **Etapa 1**

Entregue as peças do mosaico a cada aluno e peça que separem apenas os quadrados. Verifique quais as propriedades que os alunos já conhecem sobre os quadrados. Para isso, desafie-os a escrever um texto descrevendo o que é um quadrado, sem usar a palavra quadrado.

Socialize as respostas com um texto coletivo. Peça a cada dupla que leia seu texto. Enquanto isso, você anota no quadro as falas, mas combine antes com a classe que não vale repetir descrições, por exemplo: tem 4 lados.

> **fique atento!**
>
> Esse é um momento de diagnosticar, por isso cuidado com suas intervenções no que diz respeito à repetição de descrições. Alguns dirão que tem 4 pontas, outros 4 cantos ou ainda 4 vértices; nesta etapa do processo de aprendizagem é comum não perceberem que, embora as palavras sejam diferentes, todas as frases descrevem os 4 vértices de um quadrado. Aceite todas a princípio; aos poucos, com os alunos vivenciando atividades com o objetivo de aprimorar essa linguagem, será possível voltar ao texto, melhorando cada vez mais a escrita.
>
> É importante deixar a produção coletiva em um lugar visível a todos. Caso não continue com a etapa 2, registre o texto em um cartaz, painel ou em qualquer espaço que possa ser revisitado.

Mosaico | 95

- **Etapa 2**

Desafie a classe a construir quadrados usando apenas um tipo de peça do mosaico de cada vez. Eles devem perceber que só é possível montar a figura pedida usando o quadrado original. Peça que construam outros quadrados e desenhem sobrepondo as peças em uma folha de papel e contornando a figura com lápis.

Volte ao texto coletivo e questione se o que escreveram para o quadrado do mosaico descreve os outros quadrados encontrados. Peça que observem suas construções e experimentem suas hipóteses, por exemplo: se escreveram que tem 4 lados iguais, eles podem contar quantos lados de quadradinho os outros quadrados possuem para concluir que todo quadrado tem 4 lados de mesma medida.

Observe com os alunos que já têm a noção de ângulos que, usando o quadradinho do mosaico, é possível sobrepor os ângulos dos demais quadrados e perceber que todos os quadrados têm 4 ângulos de mesma medida e iguais entre si.

Continue a discussão perguntando em que os quadrados são diferentes.

Finalize essa etapa relendo e analisando com a classe o que é possível melhorar no texto produzido na etapa 1. Peça que registrem o texto final no caderno.

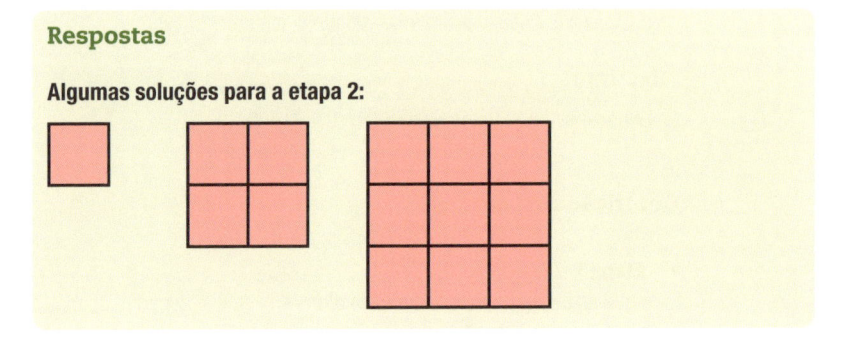

Respostas

Algumas soluções para a etapa 2:

6 Compondo figuras

1º 2º 3º 4º 5º ANO ESCOLAR

Conteúdo
- Polígonos

Objetivos
- Reconhecer propriedades de polígonos relativas a lados, vértices e ângulos
- Desenvolver a percepção visual
- Compor e decompor polígonos

Recursos
- Um mosaico por aluno, folha branca, lápis de cor e folha de atividades da p. 99

Descrição das etapas

- **Etapa 1**

Organize a classe em trios de forma que todos tenham espaço para usar suas peças e possam interagir com seu grupo. Entregue as peças do mosaico e a folha de atividades a cada aluno. Peça que leiam e resolvam até a atividade 4; ao final cada grupo deverá entregar apenas um registro. Para essa sequência de atividades é importante fazer experimentações, confrontar respostas; assim, encoraje-os a procurar muitas soluções lembrando que esse é um momento de desenvolver habilidades inerentes ao trabalho em grupo.

Atividades como esta, em que o aluno pode observar, construir e perceber diferenças e semelhanças entre formas, o levarão a compreender propriedades das figuras. Aproveite para observar nos grupos o vocabulário geométrico que utilizam e quais propriedades conseguem perceber. Valorize o registro dos grupos, incentive-os a usar régua para desenhar as figuras e a organizar o espaço do papel para as respostas.

- **Etapa 2**

Exponha os trabalhos dos grupos no quadro e confronte as respostas. Na atividade 1, a única figura que é possível formar é o paralelogramo. Independente da posição que ocupou, um paralelogramo é um quadrilátero com dois pares de lados paralelos; verifique se seus alunos percebem essa propriedade. Continue a exploração da atividade questionando a solução única da atividade.

Na atividade 2, questione: "Qual o nome da figura formada? O que ela tem de semelhante com o paralelogramo e por que ela pode ser chamada de paralelogramo?". Durante a discussão, anote no quadro as conclusões da classe.

Com 4 triângulos é possível fazer diferentes polígonos, alguns dos quais possuem nomes específicos; os demais serão nomeados pela quantidade de lados, como triângulos, quadriláteros, pentágonos, hexágonos...

Por ter dois pares de lados paralelos, este polígono é nomeado paralelogramo; mas também tem 4 lados, assim também é chamado de quadrilátero.

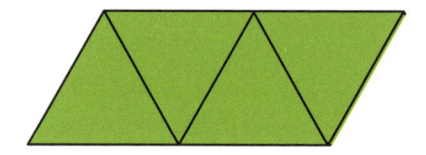

Este polígono tem 6 lados e recebe o nome de hexágono, mas não é o mesmo das peças do mosaico. Seus ângulos não são iguais, nem seus lados têm todos a mesma medida.

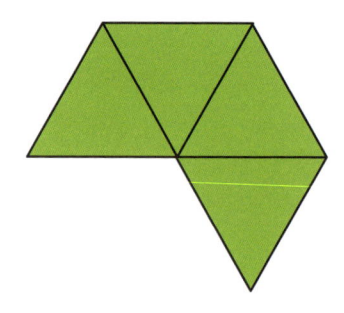

Na socialização dos próximos exercícios, aproveite para nomear os polígonos encontrados, classificando-os pela quantidade de lados.

- **Etapa 3**
Peça aos grupos que realizem a atividade 5 e que registrem com desenhos e nomeiem cada polígono. Aproveite para avaliar o que aprenderam com as atividades anteriores.

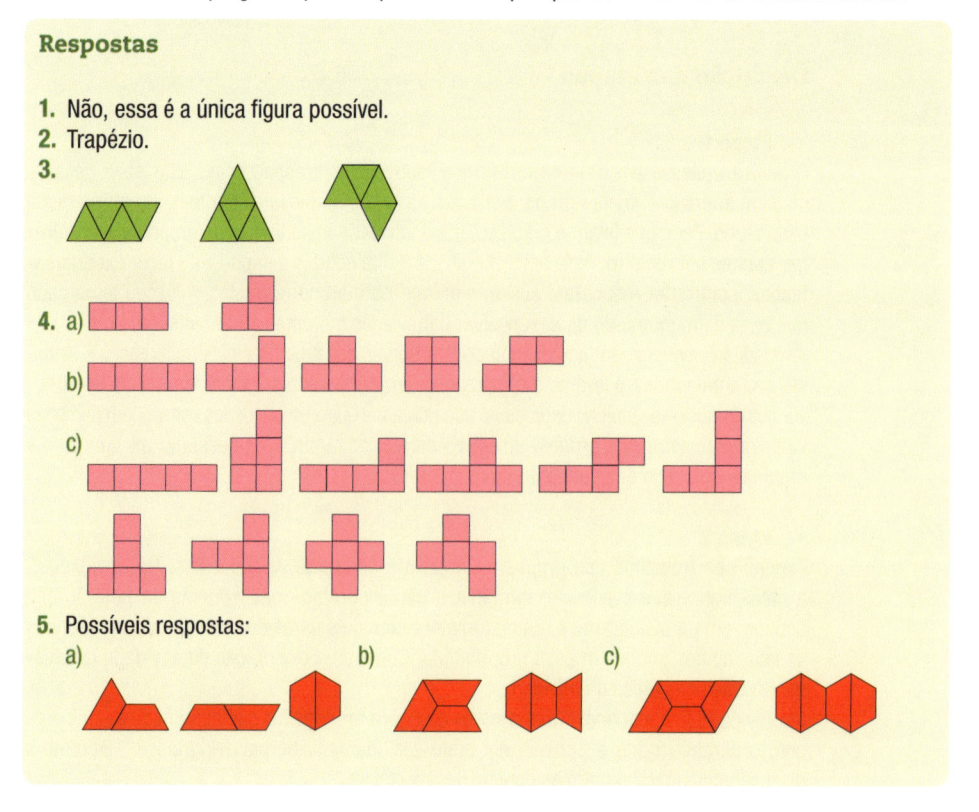

Respostas

1. Não, essa é a única figura possível.
2. Trapézio.
3.
4. a)
   b)
   c)
5. Possíveis respostas:
   a)   b)   c)

ATIVIDADES

1. Unindo os lados de dois triângulos, encontrei um losango. Será que é possível unir dois triângulos, sempre encostando um lado em outro, e encontrar outra forma?

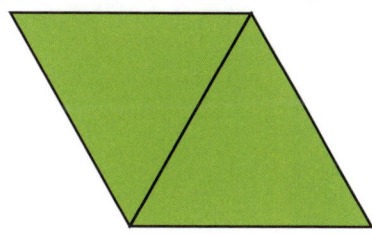

2. Acrescente um triângulo à união feita acima. Qual peça você encontra?

3. Quantas peças diferentes você pode fazer com 4 triângulos?

4. Investigue quais figuras é possível formar com:
   a) 3 quadrados
   b) 4 quadrados
   c) 5 quadrados
   Registre suas descobertas usando o nome da figura encontrada ou o desenho correspondente a ela.

5. Continue a sua pesquisa com trapézios. Quais figuras você consegue formar usando:
   a) 2 trapézios?
   b) 3 trapézios?
   c) 4 trapézios?

7 Caminhos do rei

1º 2º 3º 4º 5º ANO ESCOLAR

Conteúdo
- Polígonos: noções de simetria

Objetivos
- Compreender simetria de reflexão
- Reconhecer e construir mosaicos com eixo de simetria

Recursos
- Um mosaico por aluno, folha de papel branco, régua, lápis de cor e folha de atividades das p. 103-104

Descrição das etapas

- **Etapa 1**

Peça às duplas que leiam a história do rei que se encontra na folha de atividades. Depois, com a classe organizada em círculo, trace no chão ou sobre uma folha de papel uma linha que represente o caminho do rei e coloque algumas peças do mosaico de um dos lados da linha. Peça, então, que uma das duplas complete o lado do caminho do rei. Por exemplo:

Coloque as peças e trace uma linha representando o caminho do rei.

Os alunos completam o outro lado do caminho do rei.

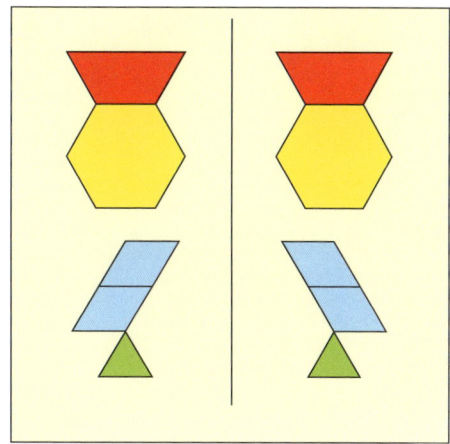

Mosaico | 101

Converse com a classe, analisando por que o hexágono, o triângulo e o trapézio não mudaram de posição, mas os losangos precisaram ser virados para que a linha funcionasse como um espelho.

Depois, cada dupla trabalha sobre uma folha branca, na qual traçam uma linha para representar o caminho do rei. Um dos alunos propõe o que fica de um lado e o outro colega da dupla tem de completar o outro lado do caminho do rei.

Circule pela classe e observe dificuldades. Problematize o tema, evitando fazer por eles.

- **Etapa 2**

Relembre com seus alunos a história *Caminhos do rei* e peça a eles que, em duplas, resolvam as atividades 1 e 2.

Ao final, escolha algumas duplas para que expliquem os erros cometidos nos diversos caminhos do rei. Analise a linguagem que utilizam e observe se usam os nomes das figuras geométricas corretamente.

Depois, desafie as duplas a criarem caminhos do rei com erros para trocar com outra dupla e uma encontrar o erro da outra. Novamente, registre o uso da linguagem e as incompreensões que ainda existem e que exigirão intervenção sua junto a alguns alunos ou a toda a classe.

Respostas

2. a) Mudar a posição do losango azul do alto.
   b) Mudar posição do losango azul.
   c) Triângulo e trapézio estão fora de lugar.

ATIVIDADES

Conheça a história de um rei muito estranho!

Era uma vez, muito tempo atrás, em um reino distante, um rei bastante exigente.
Por onde passava ele exigia que dos dois lados do caminho estivessem as mesmas coisas nas mesmas posições. O que ele via de um lado do caminho, devia ver exatamente o mesmo do outro.
Se de um lado de seu caminho havia uma árvore, do outro devia haver uma árvore igual, para que ele pudesse ver as duas como imagens no espelho.

Agora que você conhece essa história, siga as orientações de seu professor para criar caminhos para o rei percorrer, organizando de cada lado as peças do mosaico. Vamos lá!

Mosaico

1. Corrija os caminhos do rei que estão errados. Faça um dos lados e acerte o outro com as peças do mosaico.

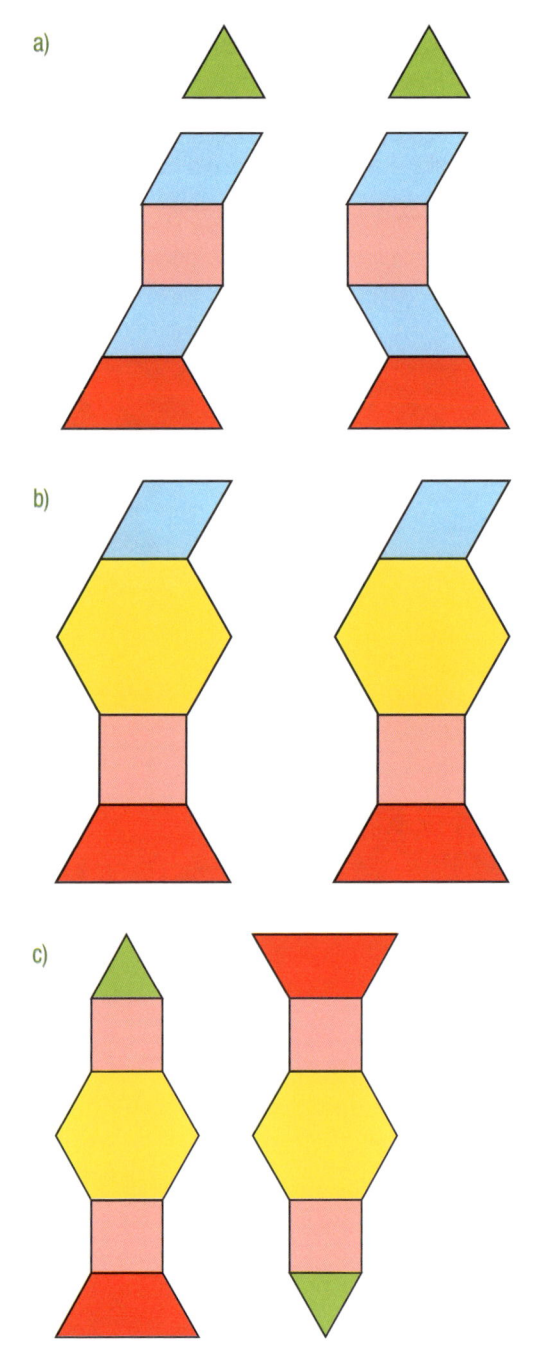

a)

b)

c)

2. Depois, escreva quais peças precisam ser mudadas de posição para satisfazer o exigente rei.

1° 2° 3° **4° 5°** ANO ESCOLAR

8 Quantos eixos de simetria cada peça tem?

Conteúdo
- Polígonos: simetria

Objetivos
- Compreender simetria de reflexão
- Identificar eixos de simetria em polígonos
- Desenvolver linguagem relativa a figuras planas e a percepção de que a forma de uma figura não depende de seu tamanho ou posição

Recursos
- Um mosaico por aluno, folha de papel branco, tesoura de pontas arredondadas, régua, lápis e folha de atividades da p. 107

Descrição das etapas

- **Etapa 1**

Antes de propor esta sequência de atividades, é importante que seus alunos saibam o que é uma figura simétrica e um eixo de simetria. Retome com eles a ideia de simetria explicando por que o quadrado tem 4 eixos de simetria. Para isso você pode construir um grande quadrado em papel e dobrá-lo em seus eixos, como mostra a atividade 1. Ao dobrar sobre o eixo, enfatize que as duas partes da figura se sobrepõem como imagens espelhadas uma da outra.

Incentive o grupo a investigar mais sobre as peças do mosaico, criando um suspense. Entregue a cada dupla a folha de atividades, uma folha de papel, lápis, régua e tesoura de pontas arredondadas para que os alunos possam reproduzir as peças do mosaico em papel.

Neste momento, circule pelas duplas e faça as intervenções necessárias, observando se usam corretamente a régua, questionando se o eixo traçado é o de simetria e como têm certeza disso, se realmente encontraram todos os eixos, se há alunos que já conseguem perceber simetria usando outro recurso ou mesmo se são capazes de discriminar a simetria em figuras apenas visualmente.

Para corrigir a tabela da atividade 2, peça às duplas que coloquem no quadro suas soluções, sem repeti-las. Deixe-os argumentar e confrontar suas hipóteses, interferindo quando necessário, de modo que cheguem à solução correta.

- **Etapa 2**

Em outro momento, explore mais demoradamente a atividade 3. Além de envolver a interpretação da tabela e do enunciado, esse pode ser um momento importante para ressaltar propriedades dos polígonos regulares, pois apenas eles têm o número de eixos de simetria igual ao número de seus lados.

Usando apenas os quadrados do mosaico, peça a seus alunos que construam novos quadrados. Questione quantos eixos de simetria há nesses quadrados. Repita esse procedimento para os triângulos e finalize a aula escrevendo um breve relato sobre o que aprenderam.

Respostas

2.

Polígono	Quantidade de eixos de simetria
Quadrado	4
Triângulo	3
Hexágono	6
Losango pequeno	2
Losango maior	2
Trapézio	1

3. O triângulo e o hexágono das peças do mosaico têm número de lados igual ao número de seus eixos de simetria.

ATIVIDADES

1. Um quadrado tem 4 eixos de simetria:

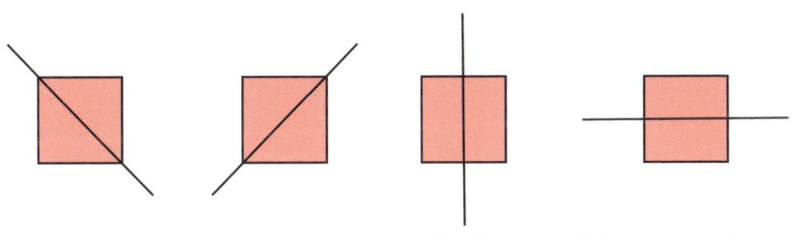

Será que todas as peças do mosaico também têm 4 eixos? Investigue cada uma delas. Você pode copiá-las sobre uma folha de papel, recortar as figuras e dobrá--las. Quando tiver certeza que encontrou um eixo, use a régua e trace-o.

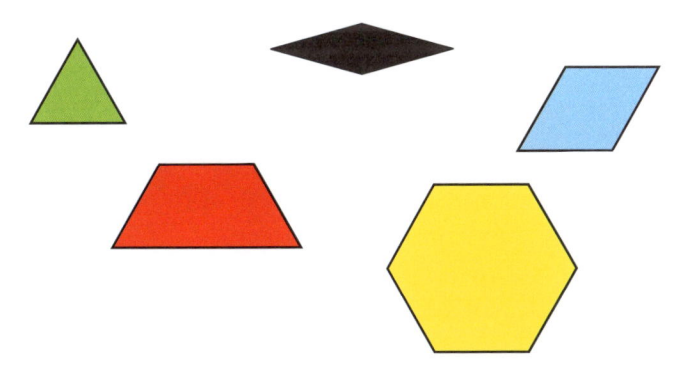

2. Registre na tabela abaixo o nome de cada figura do mosaico e a quantidade de eixos encontrados.

Polígono	Quantidade de eixos de simetria
Quadrado	4

3. O quadrado possui 4 lados e 4 eixos de simetria. Há outras peças que têm a mesma quantidade de eixos de simetria e de lados? Quais?

Mosaico | 107

1° 2° **3° 4° 5°** ANO ESCOLAR

9 Completando

Conteúdo
- Polígonos

Objetivos
- Reconhecer figuras planas
- Identificar e criar figuras simétricas
- Reconhecer eixos de simetria
- Desenvolver linguagem relativa a figuras planas

Recursos
- Um mosaico por aluno, folha de papel branco, lápis coloridos, régua e folhas de atividades das p. 111-112

Descrição das etapas

Para estas atividades os alunos devem saber o que são figuras simétricas e que um eixo de simetria é uma linha reta que divide a figura em duas partes iguais que, se pudessem ser dobradas nesse eixo, se sobreporiam.

- **Etapa 1**

Cada dupla deve pegar as peças do mosaico. Entregue a folha de atividades e espere alguns instantes até que eles leiam as atividades 1 e 2. Pergunte ao grupo quem consegue compreender o que é para ser feito na atividade 1 e verifique se perceberam que os eixos de simetria estão em posições diferentes.

Para a atividade 2, lembre aos alunos o que são polígonos assimétricos e procure dar exemplos como:

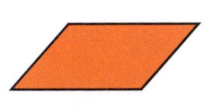

Paralelogramo (não losango)   Trapézio com ângulos retos   Polígonos diversos

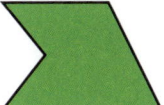

Acompanhe a resolução, procurando identificar dificuldades com o reconhecimento de formas, incentivando a busca de respostas em atividades anteriores e estratégias para decidir se acertaram suas respostas.

Escolha algumas duplas para observar e registrar as dificuldades e os avanços desses alunos. Uma pauta de observação simples facilita o registro, por exemplo:

Duplas	Usam linguagem adequada para identificar cada peça?	Usam estratégias diferentes para decidir a posição das peças? Compartilham essas estratégias?

Essas anotações orientarão a organização das próximas atividades e a montagem de duplas de trabalho.
Para finalizar, peça a cada aluno que escolha um mosaico que tenha inventado e desenhe-o na folha em branco, lembrando-os de que é preciso colocar nome, data, fazer uma margem e, se quiserem, dar um título para a obra inventada.

- **Etapa 2**

Peça aos alunos que realizem as atividades 3 e 4. Para a atividade 3, antes de iniciar a correção, exponha construções feitas pelos alunos. Peça a eles que observem as cores, as sensações que elas causam, estimulando sua percepção estética.
Enquanto trabalham, avalie as dificuldades, faça intervenções pedindo que mostrem os eixos de simetria, observe quais as estratégias usadas e, ao final, peça que socializem essas estratégias: como decidiram e por onde começar? Quantos eixos encontraram? Use uma planilha de observação para esse registro.
Termine a atividade 4 convidando os alunos a observar o trabalho dos demais colegas da classe.

> **Respostas**
>
> 1. Para conferir as construções, sugerimos o uso de um espelho que, colocado na linha pontilhada, deve refletir a figura inteira.
> 2. Mosaico **B**.
> 3. a) A figura é formada por hexágonos e losangos.
>   b) Possui 2 eixos de simetria, um na horizontal e outro na vertical.

ATIVIDADES

1. Use as peças do mosaico para construir cada um dos grupos de peças desenhadas e complete a outra metade das figuras de modo que fiquem simétricas em relação à linha tracejada.

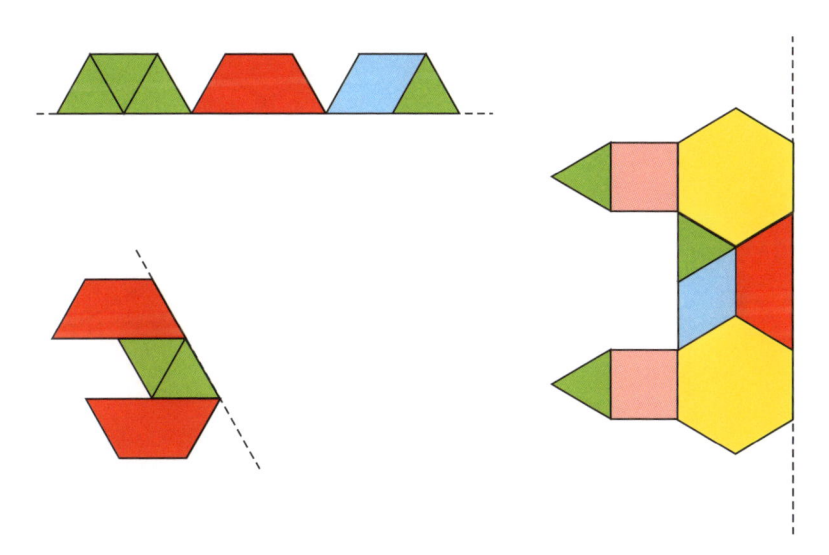

Invente outras três figuras diferentes, mas cada uma com o eixo de simetria em uma posição diferente. Peça aos colegas de outra dupla que as complete.

2. Descubra o intruso!
Uma figura pode ser simétrica ou assimétrica. As figuras simétricas possuem pelo menos um eixo de simetria e as assimétricas nenhum.
Qual destes mosaicos é assimétrico?

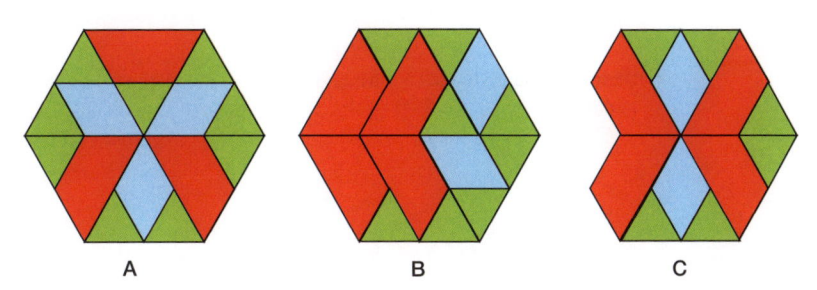

A   B   C

3. Construa este mosaico com as peças, mas de forma que as figuras iguais entre si tenham a mesma cor.
   a) Esse mosaico é formado por quais peças?
   b) Quantos eixos de simetria ele possui?

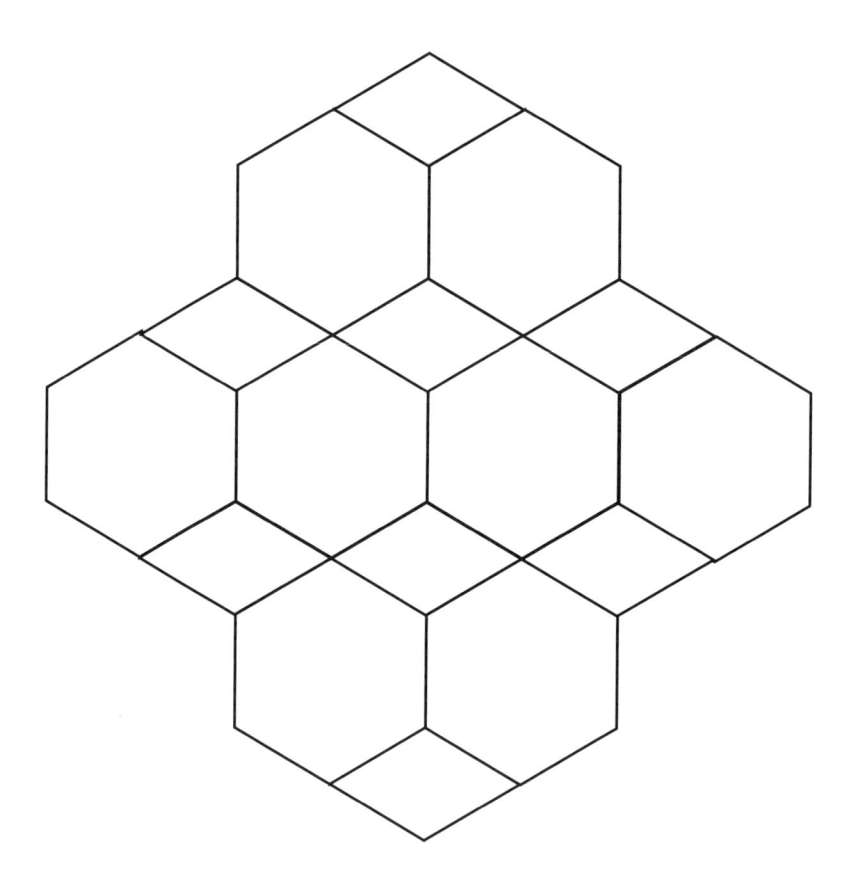

4. Use as peças do mosaico para criar um novo mosaico com pelo menos 2 eixos de simetria.

Tangram

O Tangram é um quebra-cabeça chinês de origem milenar, formado pela decomposição de um quadrado em 7 peças: 5 triângulos, 1 quadrado e 1 paralelogramo.

As regras desse quebra-cabeça consistem em usar as 7 peças na montagem de figuras, colocando as peças lado a lado sem sobreposição.

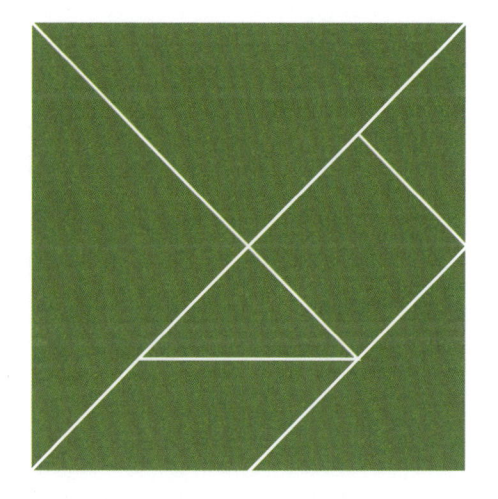

Várias são as lendas e histórias sobre a origem desse quebra-cabeça. Verdadeiras ou não, isso não interfere no lúdico desse material que encanta a todos que o conhecem.

Com apenas essas 7 peças é possível montar cerca de 1 700 figuras entre animais, plantas, pessoas, objetos, letras, números e figuras geométricas, e ele permite ainda a criação de muitas outras figuras.

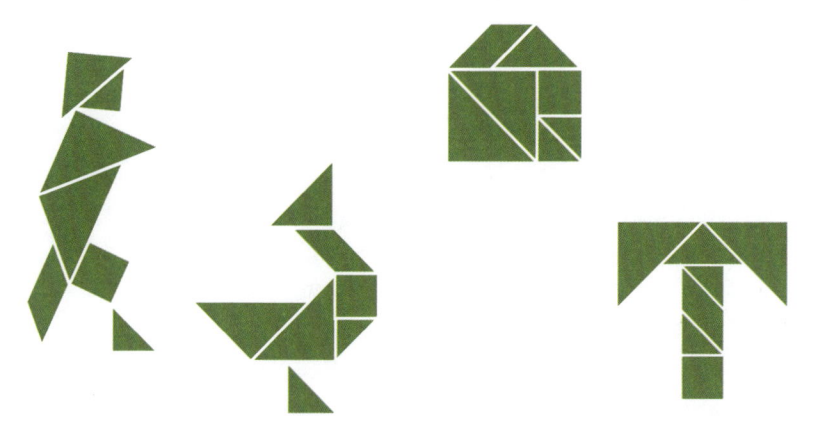

Nas aulas de matemática, uma das vantagens desse material é a possibilidade de ampliar os tipos de figuras conhecidas pelos alunos. Pela composição das peças, muitas e variadas figuras podem ser formadas, e nesse processo as relações de forma e tamanho são percebidas pelos alunos, permitindo que suas habilidades de percepção espacial se desenvolvam.

Pela composição e decomposição de figuras, os alunos passam a conhecer propriedades das figuras relacionadas a lados e ângulos.

A partir do 4º ano, o Tangram pode ser utilizado para trabalhar a conceituação de frações e operações entre frações, e auxiliar no desenvolvimento do conceito de área.

As atividades iniciais visam à exploração das peças e à identificação de suas formas. Logo depois, passa-se à sobreposição e à construção de figuras dadas com base em uma silhueta. Nesse caso, as habilidades de percepção espacial, em especial a memória visual e a percepção de figuras planas, são solicitadas ao aluno à medida que ele identifica e interpreta o que se pede que ele construa com as peças do Tangram. Durante as atividades, as propriedades das figuras geométricas e da figura que se quer construir são percebidas e exploradas pelo aluno.

É essencial que essa etapa inicial de trabalho seja desenvolvida em qualquer segmento escolar, mesmo com alunos de anos escolares adiantados, pois qualquer atividade mais elaborada requer a familiaridade com o Tangram e as propriedades de suas peças.

Existem muitas versões comerciais do Tangram, em madeira, acrílico ou em EVA. No entanto, esse material pode ser confeccionado pelos alunos com facilidade. Basta reproduzir o molde que se encontra no capítulo 4, colá-lo sobre papel mais grosso e recortar as 7 peças. Elas podem ser guardadas em um envelope para serem usadas em várias atividades.

Outra opção é desenhar o molde, usando um *software* que faça desenhos com as formas geométricas básicas, e imprimir o molde em papel-cartão ou outro equivalente. Em seguida, os alunos precisam apenas recortar as peças.

Para construir um Tangram sem o uso do molde, é importante saber a relação entre as peças.

O quadrado inicial deve ter lado com medida entre 8 cm e 12 cm. Os pontos A e B são pontos médios de dois lados, e P é o ponto médio da linha que une A e B. Os pontos M e N são pontos médios de cada uma das metades da diagonal do quadrado.

Existem ainda versões virtuais do Tangram. Nos *sites* de busca, digitando a palavra Tangram, é possível escolher um dos muitos modelos disponíveis e gratuitos para utilizar com seus alunos.

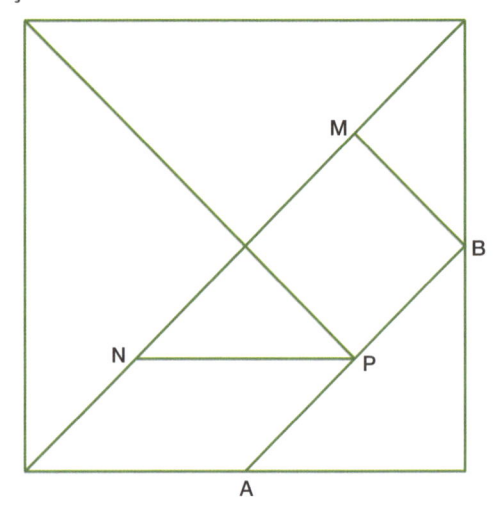

1° 2° 3° 4° 5° ANO ESCOLAR

1 Conhecendo o Tangram

Conteúdo
- Figuras planas

Objetivo
- Familiarizar o aluno com o material

Recursos
- Um Tangram por aluno, folhas de papel branco, lápis, lápis de cor e folha de atividades da p. 117

Descrição das etapas

- **Etapa 1**

Cada integrante deve ter um Tangram e cada grupo receberá uma folha de atividades. Comece compartilhando com os alunos algumas das possíveis explicações para a origem do Tangram.

Pergunte se já ouviram falar no Tangram. Há muitas versões para a origem e o significado da palavra Tangram. Pesquise sobre ela em algum *site* de busca da internet e compartilhe com seus alunos.

Depois, proponha aos grupos que leiam na folha de atividades as duas lendas criadas para explicar a origem do Tangram.

Em seguida, explique sobre as regras desse quebra-cabeça:

O Tangram é um quadrado composto por 7 figuras geométricas: 5 triângulos, 1 quadrado e 1 paralelogramo. Em chinês é conhecido como "as sete peças inteligentes". O jogo não exige qualquer esforço ou habilidade especial, apenas tempo, paciência e principalmente imaginação. A única regra do jogo é que as figuras devem conter sempre as 7 peças sem que haja sobreposição.

Peça então que iniciem a montagem das figuras que estão na folha de atividades.

Por serem muito reduzidos, os desenhos das figuras podem dificultar o trabalho dos alunos nos anos iniciais. Nesse caso, projete as figuras com o auxílio de computador ou amplie as figuras em papel e entregue-as aos alunos.

Em grupo, os alunos podem conferir as construções uns com os outros.

- **Etapa 2**

Peça aos alunos que registrem as construções em forma de desenho e escrevam para uma das figuras um texto usando a figura como personagem. Você pode pedir que o texto seja uma poesia, uma narrativa, uma fábula ou alguma outra forma textual que esteja trabalhando com a classe nesse momento.

fique atento!

Para desenhar as figuras construídas com as peças do Tangram sugerimos que as peças sejam apoiadas sobre uma folha de papel e contornadas com lápis, com cuidado para não danificar as peças do material.
Acompanhe seus alunos, pois eles podem ter dificuldade para segurar a peça e contorná-la ao mesmo tempo.

ATIVIDADES

Diz a lenda que muito tempo atrás, na China, um serviçal quebrou o mais belo vaso do palácio real em 7 pedaços e o Imperador, zeloso com sua coleção de cerâmicas, exigia a imediata reposição do vaso ou o serviçal perderia sua cabeça.

Desesperado, o serviçal tentou a todo custo colar as peças, mas não conseguiu. No entanto, notou que com as 7 peças poderia representar não apenas vasos, mas toda sorte de figuras. Ao ser chamado para dar conta do vaso, o serviçal mostrou o que tinha descoberto. O Imperador adorou a brincadeira e poupou o pescoço do pobre homem.

Outros dizem que um Imperador chinês quebrou um espelho e, ao tentar remontá-lo, começou a perceber que as 7 peças que ficaram poderiam ser remontadas de muitas formas, criando inúmeras figuras.

Monte uma figura com as 7 peças do Tangram.

Comece com as sugestões a seguir e, depois, deixe sua imaginação à vontade para criar outras formas!

1° 2° 3° 4° 5° ANO ESCOLAR

2 O quadrado das sete peças

Conteúdo
- Figuras planas

Objetivos
- Identificar características das figuras geométricas, percebendo semelhanças e diferenças entre elas, por meio de composição e decomposição
- Discriminar figuras planas, nomeando triângulos e quadriláteros

Recursos
- Um Tangram por dupla, folha de papel branco, lápis e lápis de cor

Descrição das etapas

- **Etapa 1**

Distribua um Tangram para cada dupla. Peça que observem as peças do quebra-cabeça e tentem descobrir, na atividade 1, a partir das dicas dadas, qual é a peça que atende a cada item.

- **Etapa 2**

Com as sete peças do Tangram em mãos, proponha aos alunos que as separem em dois grupos e compartilhem com a classe o(s) critério(s) utilizado(s). Uma possibilidade desse agrupamento é fazer a separação de triângulos e quadriláteros, já que todas as peças do quebra-cabeça encaixam-se em uma dessas propriedades. Deixe que diferentes agrupamentos sejam apontados e, ao final, faça uma lista das características notadas pelos próprios alunos que também permitiriam a identificação das figuras apontadas na etapa 1. A classe pode fazer o fechamento dessa atividade construindo uma tabela com as características encontradas para cada polígono. Essa tabela pode ficar exposta na classe ou ser registrada no caderno do próprio aluno. Exemplo:

Figura	Propriedades dos lados
Quadrado	Possui quatro lados. Os quatro lados têm a mesma medida.
Triângulo	Possui três lados. Os três lados podem ou não ter a mesma medida.
Paralelogramo	Possui quatro lados. Os lados opostos têm a mesma medida.

- **Etapa 3**

Proponha a atividade 2 na forma de um texto coletivo que contemple todas as relações observadas pela turma. Nele podem aparecer afirmações como: "O Tangram é um quebra-cabeça formado por 7 peças, sendo 5 triângulos, 1 quadrado e 1 paralelogramo"; "Existem três tamanhos diferentes de triângulos"; "O material é formado a partir de um quadrado maior, composto pelas 7 peças". "Algumas peças têm os lados de mesma medida e outras não".

Peça aos alunos que finalizem a atividade com o desenho de uma figura formada com o Tangram, ou até mesmo o desenho do próprio Tangram (quadrado).

Exponha esses desenhos em sala para apreciação de todos.

ATIVIDADES

1. Descubra quais são as peças do Tangram.
    a) Formamos um par de figuras idênticas. Juntos, ocupamos metade do quadrado do jogo. Cada um de nós tem três lados.
    b) Tenho quatro lados de mesma medida.
    c) Tenho três lados. Meus "irmãos" maiores têm o dobro do meu tamanho. Meus "irmãos" menores têm metade do meu tamanho.
    d) Tenho quatro lados, mas eles não são todos iguais, ou melhor, são dois pares de lados iguais.
    e) Somos um par de figuras idênticas. Cada um de nós tem três lados. Juntos, podemos formar outras três peças do jogo: o quadrado, o paralelogramo e o triângulo médio.
    f) Sou uma figura formada pelas sete peças do Tangram e possuo quatro lados iguais.

2. Discuta com seu colega de dupla tudo o que é possível afirmar sobre o Tangram e suas peças. Com a classe e seu professor vocês produzirão um texto com todas as observações feitas pelas duplas. Ao final, faça um desenho de uma figura construída com o Tangram.

Respostas

1. a) Triângulos grandes.
   b) Quadrado.
   c) Triângulo médio.
   d) Paralelogramo.
   e) Triângulos pequenos.
   f) Quadrado.

1° 2° **3°** 4° 5° ANO ESCOLAR

3 Uma peça forma a outra

Conteúdos
- Composição e decomposição de figuras planas
- Padrões geométricos

Objetivos
- Identificar características das figuras geométricas, percebendo semelhanças e diferenças entre elas, por meio de composição e decomposição
- Identificar padrão de formação de figuras geométricas

Recursos
- Um Tangram por aluno, folha de papel branco e lápis

Descrição das etapas

- **Etapa 1**

Distribua o Tangram para as duplas e desafie-os a descobrir quais peças do jogo podem ser formadas utilizando apenas os dois triângulos pequenos. Eles verificarão que o quadrado, o paralelogramo e o triângulo médio podem ser formados. Confira essas montagens nas figuras do item "Respostas".

Peça aos alunos que verifiquem se essas mesmas formas podem ser criadas com os triângulos grandes; embora as figuras fiquem com tamanhos diferentes, os triângulos grandes podem formar as mesmas figuras.

- **Etapa 2**

Na etapa anterior os alunos puderam verificar que, com os triângulos, é possível formar outras figuras (polígonos).

Peça agora que verifiquem se é possível fazer o caminho inverso, ou seja, se com quadrados e paralelogramos podem ser formados triângulos.

Os alunos reconhecerão que não é possível formar triângulos com figuras quadriláteras, pois, ainda que se junte lado com lado dessas figuras, a composição não terá três lados.

- **Etapa 3**

Entendida a impossibilidade de construir triângulos com figuras quadriláteras, proponha aos alunos que investiguem que outras formas são possíveis de serem construídas com duas, três ou quatro peças do Tangram. Você pode encontrar as possibilidades no quadro de respostas.

Solicite aos grupos que escolham uma das montagens para ser compartilhada com a classe. Instigue-os a explicitar suas descobertas. Poderão surgir comentários como: existem diversas figuras que podem ser formadas a partir de outras figuras; que a maneira de unir as peças pode mudar a quantidade de lados da figura formada; que triângulos só podem ser construídos se houver outros triângulos na formação; que triângulos podem formar quadriláteros, e muito mais. Esse fechamento pode ser registrado em forma de um texto coletivo e pode ser copiado para todos os alunos.

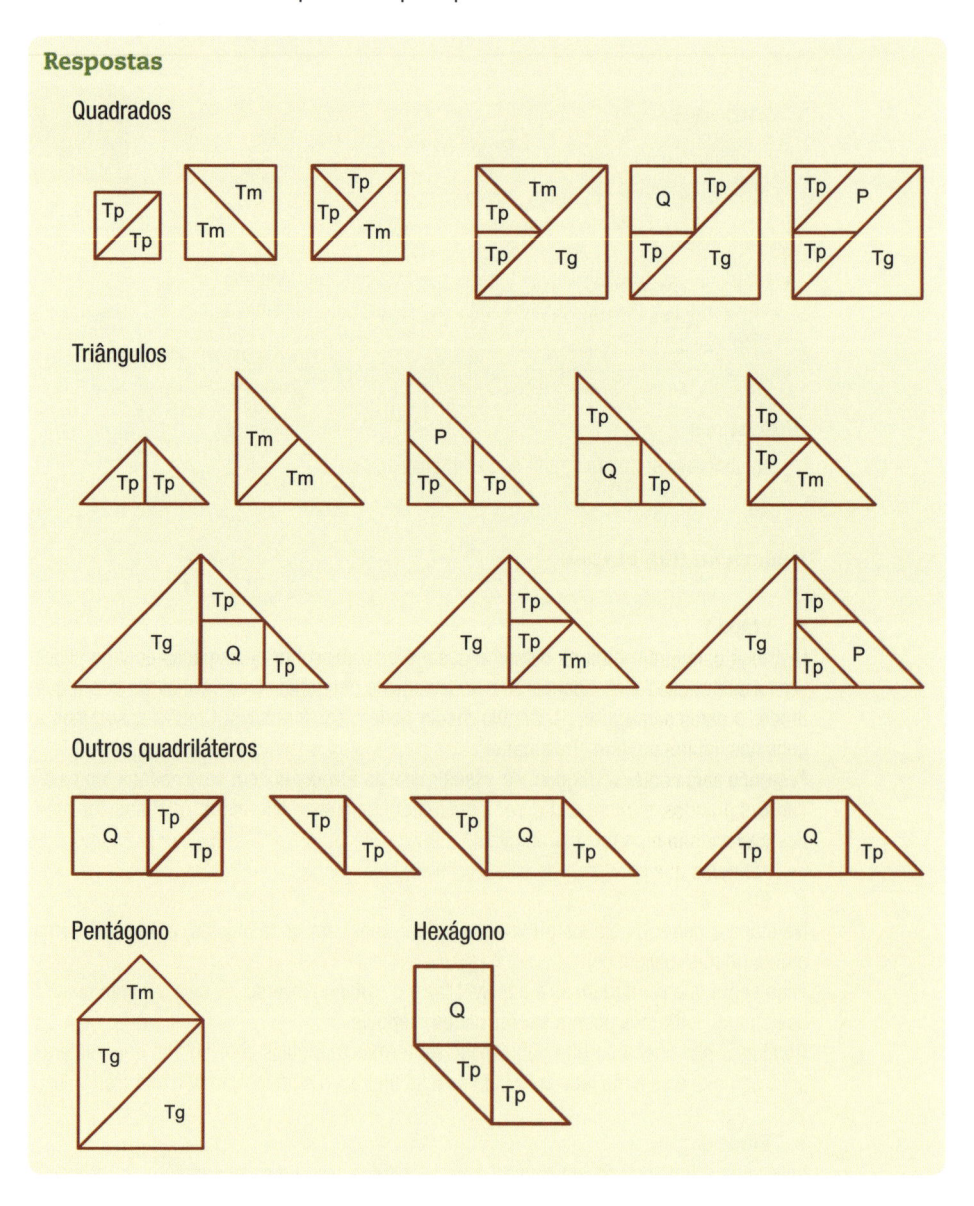

Respostas

Quadrados

Triângulos

Outros quadriláteros

Pentágono

Hexágono

1° **2°** **3°** 4° 5° ANO ESCOLAR

4 Um Tangram de triângulos

Conteúdos
- Reconhecimento de figuras planas
- Composição e decomposição de figuras planas

Objetivo
- Identificar características das figuras geométricas, percebendo semelhanças e diferenças entre elas, por meio de composição e decomposição de figuras

Recursos
- Um Tangram por aluno, folha de papel branco, lápis, lápis de cor e folha de atividades da p. 125

Descrição das etapas

- **Etapa 1**

Distribua para cada aluno um Tangram e a folha de atividades para cada grupo. De acordo com a orientação da atividade 1, eles deverão substituir o quadrado e o paralelogramo por dois triângulos pequenos cada. Dessa forma, o material ficará reduzido para cerca de dois jogos por grupo, pois os triângulos serão retirados dos jogos do próprio grupo.
O desafio será construir o maior número possível de triângulos, utilizando apenas triângulos. Dessa forma, as possibilidades de construir outros triângulos com os triângulos do quebra-cabeça são muitas, mas a quantidade de construções fica limitada pela quantidade de triângulos que estiverem em cada grupo.

fique atento!

Para facilitar a comunicação, nomeamos as figuras do Tangram por seus nomes e por abreviaturas. Veja:
Triângulo grande: Tg
Triângulo médio: Tm
Triângulo pequeno: Tp
Quadrado: Q
Paralelogramo: P

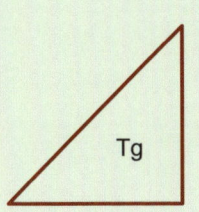

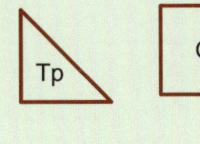

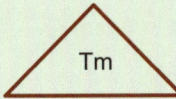

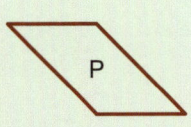

Tangram | 123

Algumas das construções de triângulos que os alunos podem fazer são:
Com duas peças:

$$Tg + Tg$$
$$Tm + Tm$$
$$Tp + Tp$$

Com três peças:

$$Tg + Tm + Tm$$
$$Tm + Tp + Tp$$

Com quatro peças:

$$Tg + Tm + Tp + Tp$$
$$Tg + Tg + Tg + Tg$$
$$Tm + Tm + Tm + Tm$$
$$Tp + Tp + Tp + Tp$$

Com cinco peças:

$$Tg + Tg + Tg + Tm + Tm$$
$$Tm + Tm + Tm + Tp + Tp$$

e muitas outras

Construa com os alunos um painel das soluções encontradas por eles na etapa 1. Para isso, peça que representem com desenhos as possibilidades de formação de triângulos e, em um mural, exponha os desenhos dos alunos.

- **Etapa 2**

Em cada grupo de alunos, desafie-os a formar as figuras propostas na atividade 2 com o Tangram composto apenas por triângulos.

É esperado que eles percebam que dois triângulos pequenos podem substituir tanto o quadrado quanto o paralelogramo.

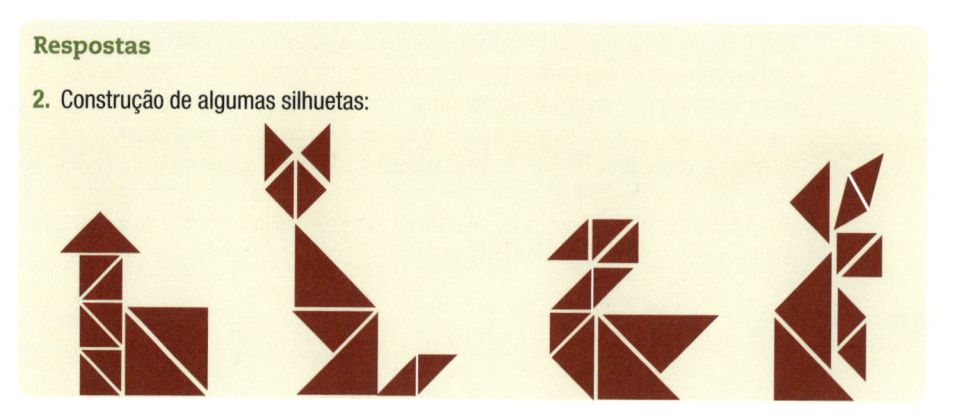

Respostas

2. Construção de algumas silhuetas:

ATIVIDADES

1. O Tangram é um jogo de sete peças, formado a partir de um quadrado.
Substitua o quadrado e o paralelogramo por dois triângulos pequenos e descubra se ainda assim é possível formar o quadrado.
Utilizando apenas triângulos, forme outros triângulos de diferentes tamanhos e com quantas peças forem necessárias.

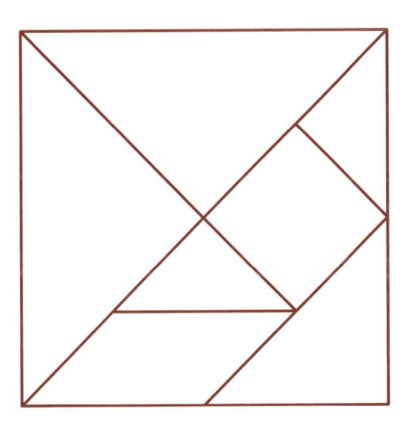

2. Usando apenas os triângulos dos Tangrans que estão no grupo, tente formar as figuras a seguir, que foram feitas com as peças do Tangram original.

1° 2° 3° 4° 5° ANO ESCOLAR

5 Descobrindo lados de figuras

Conteúdos
- Composição e decomposição de figuras planas
- Identificação de lados de um polígono

Objetivo
- Reconhecer e contar lados de polígonos

Recursos
- Um Tangram por aluno, folha de papel branco, lápis e folha de atividades da p. 128

Descrição das etapas

- **Etapa 1**

Distribua para cada grupo 4 jogos de Tangram e uma folha de atividades e peça que construam a figura da atividade 1 sobrepondo as peças na figura.

Solicite que, em grupo, contem o número de lados dessa figura estrelada e pensem em uma maneira de explicar como fizeram a contagem.

As pontas dessa estrela geram um conflito na hora de contar os lados, pois nem todos têm clareza de que cada segmento de reta corresponde a um lado da figura. Ao tentar explicar como fazem para contar os lados, eles perceberão que, em cada vértice, cada mudança de direção origina um novo lado. Verifique se os alunos utilizam adequadamente os nomes "vértice" e "lado".

> Cada segmento de reta que delimita um polígono chama-se **lado**. Chamamos de **vértice** o ponto de encontro de dois lados.

- **Etapa 2**

Proponha aos alunos que façam a atividade 2.

Depois que eles desenharem suas construções, faça um mural com os desenhos e solicite a cada aluno que confira a contagem de lados feita por outro aluno.

Para finalizar, desafie o grupo a desenhar um polígono com 10 vértices e 10 lados, ou outro número de sua escolha.

Respostas
1. b) Esse polígono tem 16 lados.
2. Há muitas construções possíveis.

Tangram

ATIVIDADES

1. a) Em grupo, juntem os triângulos grandes ou os pequenos de todos do grupo e tentem montar a figura a seguir:

    b) Quantos lados tem a figura?

2. Com seu Tangram, crie uma figura que tenha mais do que 6 lados e depois desenhe a figura sobrepondo as peças do Tangram sobre uma folha de papel. Escreva ao lado da figura quantos lados ela tem.

1º 2º 3º 4º 5º ANO ESCOLAR

6 Quadriláteros com o Tangram

Conteúdos
- Composição e decomposição de figuras planas
- Identificação de quadriláteros

Objetivos
- Identificar características das figuras geométricas, percebendo semelhanças e diferenças entre elas, por meio de composição e decomposição
- Discriminar figuras planas, nomeando quadriláteros

Recursos
- Um Tangram por aluno, folha de papel branco, lápis e folha de atividades da p. 131

Descrição das etapas

- **Etapa 1**

Forme os grupos na sala de maneira que cada grupo receba 5 Tangrans para formar as 5 figuras da folha de atividades. Peça que sigam as orientações da atividade 1 e observe que conhecimento eles já possuem a respeito dos nomes das figuras. Compartilhe os nomes por eles conhecidos e, caso algum deles seja desconhecido, apresente os nomes: quadrado, retângulo, trapézio, paralelogramo e trapézio, respectivamente.

A figura C não é muito conhecida dos alunos; no entanto, por ter um par de lados paralelos e outro par de lados não paralelos ela representa um trapézio.

Em seguida, peça aos alunos que discutam no grupo as diferenças e semelhanças que caracterizam os quadriláteros. As respostas dependem das propriedades geométricas conhecidas pelos alunos.

Para alunos iniciantes é muito provável que comparem as figuras pelo seu aspecto visual, dizendo: "o quadrado e o retângulo têm os cantos retinhos, as outras figuras têm cantos pontudos, ou, ainda, as outras figuras têm os lados tortos".

Depois do estudo de ângulos e de paralelismo é possível que os alunos escrevam: "O retângulo tem dois pares de lados iguais, enquanto o quadrado tem os quatro lados iguais"; "O trapézio tem um par de lados paralelos, enquanto o paralelogramo tem dois pares de lados paralelos"; "O retângulo e o quadrado têm os quatro ângulos retos, enquanto o paralelogramo e o trapézio podem não ter ângulo reto".

> **fique atento!**
>
> É importante conhecer as propriedades das figuras que aparecem nesta atividade para orientar ou analisar melhor o que os alunos escrevem como semelhanças e diferenças entre esses quadriláteros.

	Figura	Definição
	Quadrado	Figura plana que possui 4 lados de mesma medida e 4 ângulos retos.
	Retângulo	Figura plana que possui 2 pares de lados paralelos e de mesma medida e 4 ângulos retos.
	Paralelogramo	Figura plana que possui 2 pares de lados de mesma medida e paralelos.
	Trapézio	Figura plana que possui um par de lados paralelos e outro par de lados não paralelos.

- **Etapa 2**

Peça aos alunos que escolham um quadrilátero e elaborem uma adivinha para os outros grupos. Dê a eles um exemplo: "Sou um quadrilátero. Possuo quatro ângulos retos, mas não tenho todos os lados iguais. Quem sou eu?". (Resposta: Sou o retângulo.)

Resposta

1. a) **A:** quadrado **D:** paralelogramo
   B: retângulo **E:** trapézio
   C: trapézio

ATIVIDADES

1. Quadrilátero é toda figura plana com 4 lados.
   Com o Tangram é possível construir diversos tipos de quadriláteros. Veja:

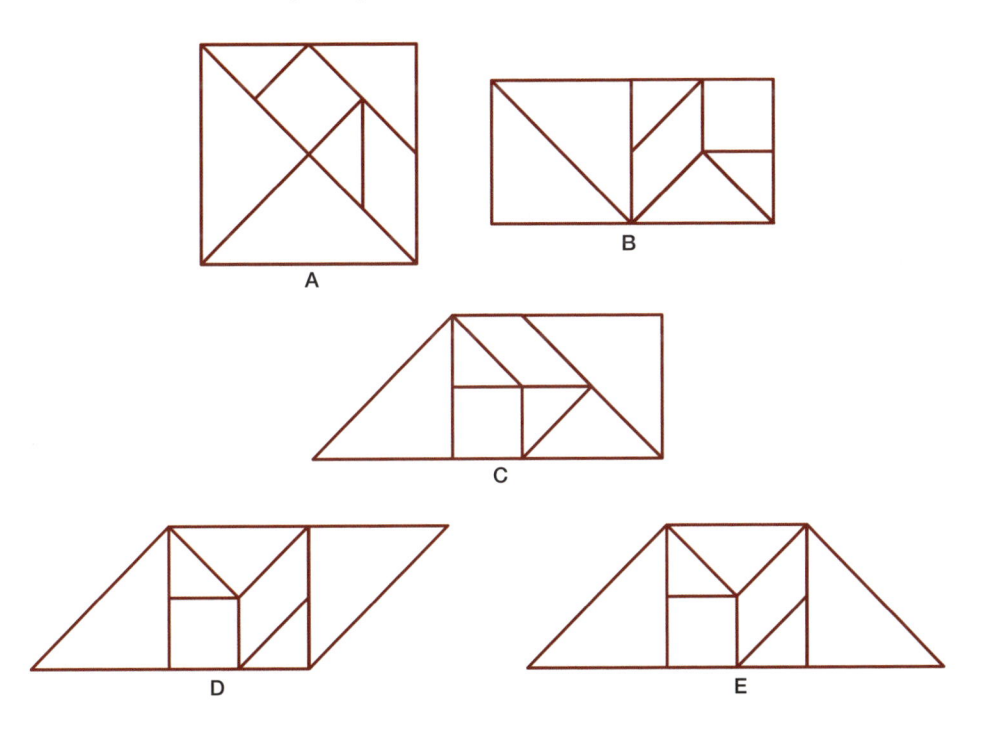

   A   B   C   D   E

   a) Construa cada um deles e tente descobrir o nome que recebem.
   b) Discuta com seu grupo semelhanças e diferenças existentes entre esses quadriláteros.

2. O grupo deverá escolher um dos quadriláteros e elaborar uma adivinha para que os outros grupos descubram qual é a figura.

1° 2° 3° 4° 5° ANO ESCOLAR

7 Uma composição de polígonos

Conteúdo
• Composição e decomposição de figuras planas

Objetivos
• Identificar figuras geométricas na formação de objetos comuns
• Construir e representar figuras geométricas planas

Recursos
• Um Tangram por aluno, folha de papel branco, lápis e lápis de cor

Descrição das etapas

Discuta com os alunos onde podem ser encontradas formas poligonais em ambientes diversos: na escola, na rua, em casa... Faça com eles uma lista de objetos que tenham essas formas: capa do caderno, quadro de giz, tela da televisão, tapete...
Nesta etapa, verifique quais formas são conhecidas pelos alunos e se eles sabem os seus nomes. Aproveite a oportunidade para nomear as principais figuras identificadas por eles nos objetos e, se for o caso, defina polígono.

fique atento!

A palavra polígono é formada por *poli* (muitos) e *gono* (ângulo). Portanto, trata-se de uma figura geométrica com muitos ângulos. É uma figura plana cujo contorno é fechado e formado por segmentos de reta que não se cruzam a não ser em seus vértices. Esses segmentos de reta são os lados do polígono.

Proponha que utilizem o Tangram e tentem formar figuras que correspondam às características dos polígonos.
Diga aos alunos que reproduzam a forma criada com o Tangram em uma folha de papel branco e, a partir dela, componham um cenário onde os polígonos apareçam nos objetos diversos. O retângulo formado pode representar uma porta, um armário, um quadro. Em seguida, o aluno completa seu desenho com outros polígonos diversificados, sem se prender ao que pode ou não formar com o Tangram. No exemplo a seguir, o aluno partiu do retângulo formado com o Tangram que representou o quadro da sala de aula e continuou sua composição inserindo outros polígonos que representassem outras figuras de uma sala de aula.

Deixe que os alunos usem a criatividade! Um triângulo pode virar uma montanha, um hexágono pode tornar-se um prato sobre a mesa ou até a própria mesa. Esse exercício de observar, imaginar e relacionar as formas geométricas para criar a imagem os fará perceber a constante presença dos polígonos nos objetos que compõem os espaços mais comuns que se possa imaginar.

1° 2° **3°** **4°** **5°** ANO ESCOLAR

8 Formando polígonos com o Tangram

Conteúdos
- Composição e decomposição de figuras planas
- Identificação de polígonos
- Percepção espacial: memória visual e constância de forma e tamanho

Objetivos
- Identificar características das figuras geométricas, percebendo semelhanças e diferenças entre elas, por meio de composição e decomposição
- Construir figuras pela composição com diferentes figuras geométricas planas

Recursos
- Um Tangram por aluno, folha de papel branco, lápis e folha de atividades da p. 137

Descrição das etapas

- **Etapa 1**

Distribua um Tangram por aluno e uma folha de atividades para cada grupo. Peça a eles que leiam a atividade 1 e tentem formar as figuras sugeridas.
Como um grupo poderá contar com 4 ou 5 Tangrans, sugira aos integrantes que cada um escolha uma figura diferente.
Peça que discutam semelhanças e diferenças existentes entre as figuras. Eles poderão dizer que todas foram formadas pelas 7 peças, que todos os lados das figuras são retos, que são figuras planas, e também notarão diferenças como o número de lados, a medida de cada lado e ângulos de medidas diferentes. Peça aos alunos que compartilhem com a classe os aspectos apontados pelo grupo e encerre esse momento dizendo que, embora existam algumas diferenças, todas essas figuras fazem parte de um grupo de formas geométricas específico, o grupo dos polígonos.
Se você não desejar trabalhar o conceito de polígono, esta sequência de atividades pode terminar nesta etapa.

- **Etapa 2**

Proponha a atividade 2, que corresponde a uma pesquisa sobre o significado da palavra polígono, e peça que confrontem com as figuras construídas na atividade 1 para verificar se são polígonos.

> **fique atento!**
>
> A palavra polígono é formada por *poli* (muitos) e *gono* (ângulo). Portanto, trata-se de uma figura geométrica com muitos ângulos. É uma figura plana cujo contorno é fechado e formado por segmentos de reta que não se cruzam a não ser em seus vértices. Esses segmentos de reta são os lados do polígono.

- **Etapa 3**

Em grupos, os alunos devem produzir um texto explicativo sobre polígonos de maneira que outro grupo seja capaz de compreender suas descobertas. Produzir textos na aula de Matemática é uma excelente maneira de fazer com que os alunos organizem suas descobertas e conceitos construídos, e de avaliar o quanto eles aprenderam. Nesta atividade você consegue perceber as dúvidas pertinentes ou até conclusões erradas que podem ser retomadas em aula.

Faça uma troca desses textos entre os grupos e peça a eles que analisem a escrita dos colegas e comentem com o outro grupo, para melhorar a produção.

Devolva os textos cada qual para o seu grupo e permita que eles analisem, aceitem ou rejeitem as alterações sugeridas pelos colegas.

Para finalizar, você pode ler os textos produzidos e propor que eles elejam o que resume o que aprenderam com maior clareza, para depois reproduzir o registro para todos.

ATIVIDADES

1. Escolha e construa com as peças do Tangram algumas das figuras abaixo:

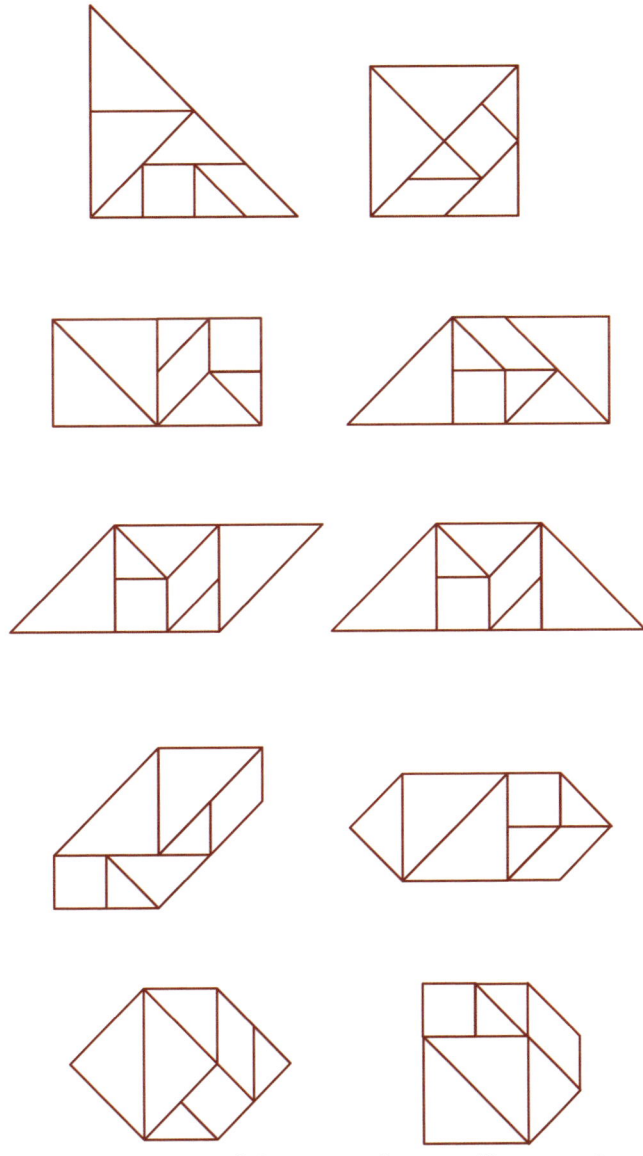

Em grupo, observem características de semelhanças e diferenças entre as figuras.

2. As figuras que vocês acabaram de formar chamam-se **polígonos**.
   Você sabe o que significa polígono? Pesquise no dicionário e, com o grupo, elabore um texto contando tudo o que vocês descobriram.

1° 2° 3° **4° 5°** ANO ESCOLAR

9 As diagonais dos polígonos

Conteúdos
- Composição e decomposição de figuras planas
- Diagonais de polígono

Objetivos
- Identificar características das figuras geométricas, percebendo semelhanças e diferenças entre elas, por meio de composição e decomposição
- Encontrar e traçar diagonais em polígonos

Recursos
- Um Tangram por aluno, folha de papel branco, lápis, régua e folha de atividades da p. 141

Descrição das etapas

- **Etapa 1**

Distribua para cada dupla uma folha de atividades e uma régua. Peça que respondam à atividade 1.
Depois, estabeleça que a linha reta que liga dois vértices de um polígono e que não é um dos lados é chamada de **diagonal** do polígono. O quadrado e o paralelogramo possuem duas diagonais cada um deles.

- **Etapa 2**

Distribua um Tangram para cada aluno e peça que formem os polígonos sugeridos na atividade 2, um a um, verificando o número de diagonais de todos eles até encontrarem o polígono que não possui diagonais. Espera-se que os alunos identifiquem o triângulo como sendo o polígono que não possui diagonais. Isso acontece porque o triângulo tem apenas três lados; assim, cada vértice liga-se aos outros dois em lados do triângulo, ou seja, não existe um vértice oposto a outro para que se trace uma diagonal.

- **Etapa 3**

Peça que cada grupo desenhe um polígono diferente em uma folha de papel branco e trace as diagonais. Organize um painel em que possam visualizar o polígono com o número de lados, vértices e diagonais, seguidos das ilustrações.

Exemplo:

Polígono	Nome do polígono	Número de lados	Número de vértices	Números de diagonais
	quadrado	4	4	2
	triângulo	3	3	nenhuma
	pentágono	5	5	5
	hexágono	6	6	9

ATIVIDADES

1. Em uma folha de papel branco, contorne o quadrado e o paralelogramo do Tangram. Em cada desenho, com a régua, trace a linha que liga dois vértices de cada figura, mas que não seja um lado da figura.

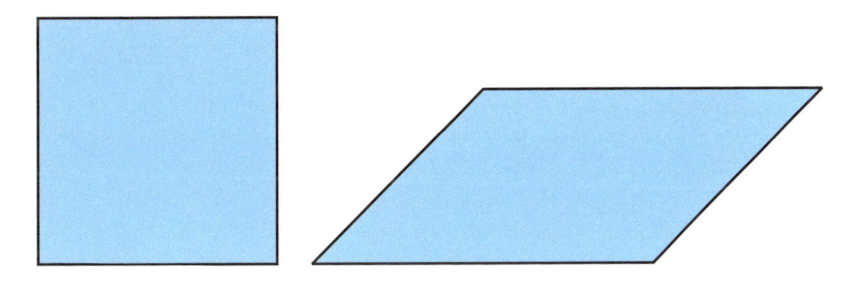

Você sabe como são chamadas as linhas que atravessam os polígonos ligando dois vértices distantes?
Quantas retas como essas podem ser traçadas no quadrado e no paralelogramo?

2. Construa as figuras a seguir com o Tangram e descubra qual é o polígono que não possui diagonais.

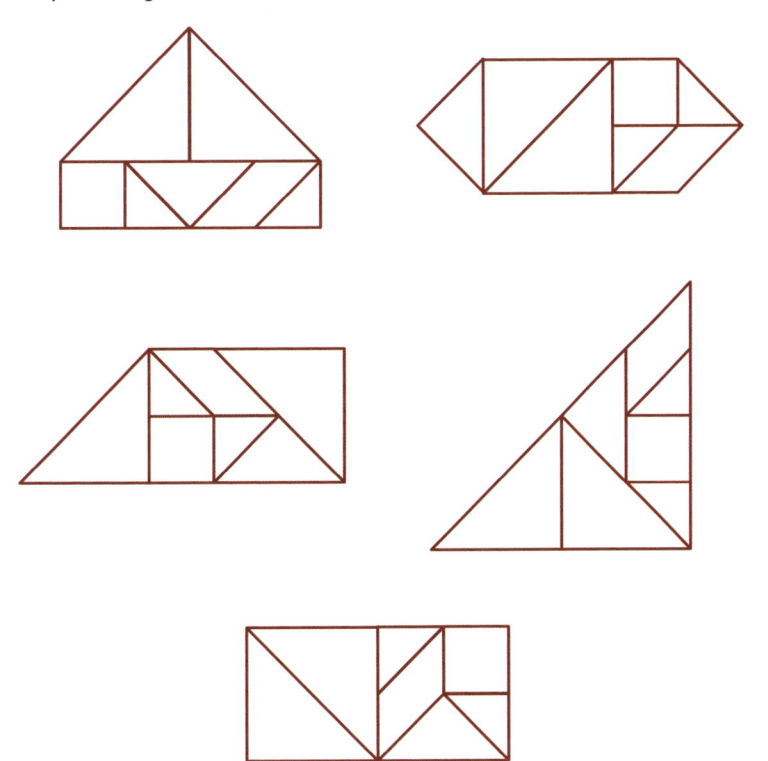

Tangram | 141

1° 2° 3° 4° 5° ANO ESCOLAR

10 Desafio dos polígonos

Conteúdos
- Composição e decomposição de figuras planas
- Identificação de polígonos
- Quadriláteros

Objetivos
- Identificar características das figuras geométricas, percebendo semelhanças e diferenças entre elas, por meio de composição e decomposição
- Discriminar figuras planas, nomeando quadriláteros

Recursos
- Um Tangram por aluno, folha de papel branco, lápis e folha de atividades da p. 145

Descrição das etapas

- **Etapa 1**

Distribua 3 Tangrans para cada grupo e, no primeiro momento, solicite que façam a atividade 1. É a partir da montagem do triângulo que o aluno vai trabalhar, transformando-o em outras formas geométricas.
Em seguida, conforme as orientações da atividade 2, proponha que a façam movimentando apenas uma peça.
Para todas as figuras será necessário que se movimente apenas o triângulo grande. Oriente os alunos a retomarem o triângulo inicial sempre que uma hipótese for descartada.
Veja como essas transformações acontecem:

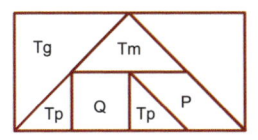

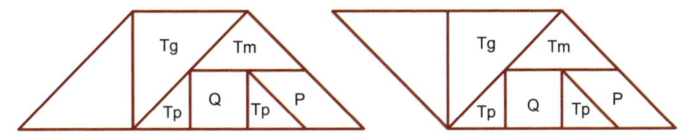

Tangram | 143

- **Etapa 2**

Proponha aos alunos que façam a atividade 3. Nela, eles poderão registrar características de cada quadrilátero, como a quantidade de lados, a diferença dos ângulos, o paralelismo ou não dos lados opostos, dependendo das propriedades geométricas já estudadas pelos alunos.

Você pode pedir que, a partir desse primeiro registro, os alunos criem um cartaz com essas observações para que o exponham ao restante da classe, que façam uma lista de semelhanças e diferenças entre as figuras ou um texto para ser registrado no caderno.

fique atento!

É sempre importante fazer um fechamento em forma de registro para que os alunos organizem as aprendizagens e adquiram um material pessoal de consulta. Dessa forma, eles poderão revisitar suas descobertas sempre que houver necessidade. Nessas atividades muitas observações serão feitas pelos alunos. No entanto, é importante destacar que as três figuras montadas a partir do triângulo – o retângulo, o trapézio e o paralelogramo – são quadriláteros, mas cada qual com propriedades diferentes relacionadas às medidas dos lados e dos ângulos.

ATIVIDADES

1. Observe o triângulo. Em grupo, com as peças de 3 Tangrans, façam três montagens iguais a essa.

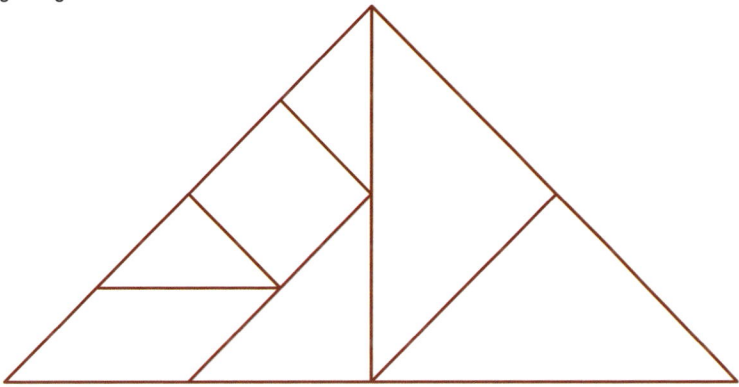

2. Movimentando apenas uma peça, tente transformar o triângulo em um:
   a) retângulo;
   b) trapézio;
   c) paralelogramo.
   Depois, diga o que você fez em cada uma das tentativas.

3. Discuta com seus colegas as diferenças e semelhanças entre essas três figuras e elabore um texto explicativo de tudo o que foi percebido pelo grupo.

1° 2° 3° **4° 5°** ANO ESCOLAR

11 Preenchendo os espaços do Tangram

Conteúdos
- Noção de área
- Composição e decomposição de figuras

Objetivos
- Utilizar as peças do Tangram como unidades de medida de área
- Estabelecer relações de equivalência entre as diferentes peças do jogo

Recursos
- Um Tangram por aluno, folhas de papel branco, lápis, lápis de cor e folha de atividades da p. 149

Descrição das etapas

- **Etapa 1**

Distribua aos grupos a folha de atividades e peça que discutam diferentes formas de preencher os espaços em branco com as peças do Tangram.

A intenção desta atividade é fazer os alunos perceberem que existem várias "respostas" para cada figura e que existe uma relação de equivalência entre as peças. Por exemplo, para preencher o espaço de um triângulo grande, pode-se usar dois triângulos médios, quatro triângulos pequenos, um médio e dois pequenos, o quadrado ou paralelogramo e dois triângulos pequenos. Embora existam diferentes maneiras de se formar o triângulo grande, todas elas são equivalentes, pois ocupam o mesmo espaço.

- **Etapa 2**

Proponha que os componentes do grupo compartilhem diferentes soluções e que, depois, elas sejam discutidas coletivamente na classe inteira. Incentive que desenhem as diversas soluções encontradas em uma folha de papel em branco, destacando as relações entre as diversas peças.

Ao final, sistematize as descobertas feitas relacionando as peças umas com as outras como aparece nas respostas a seguir.

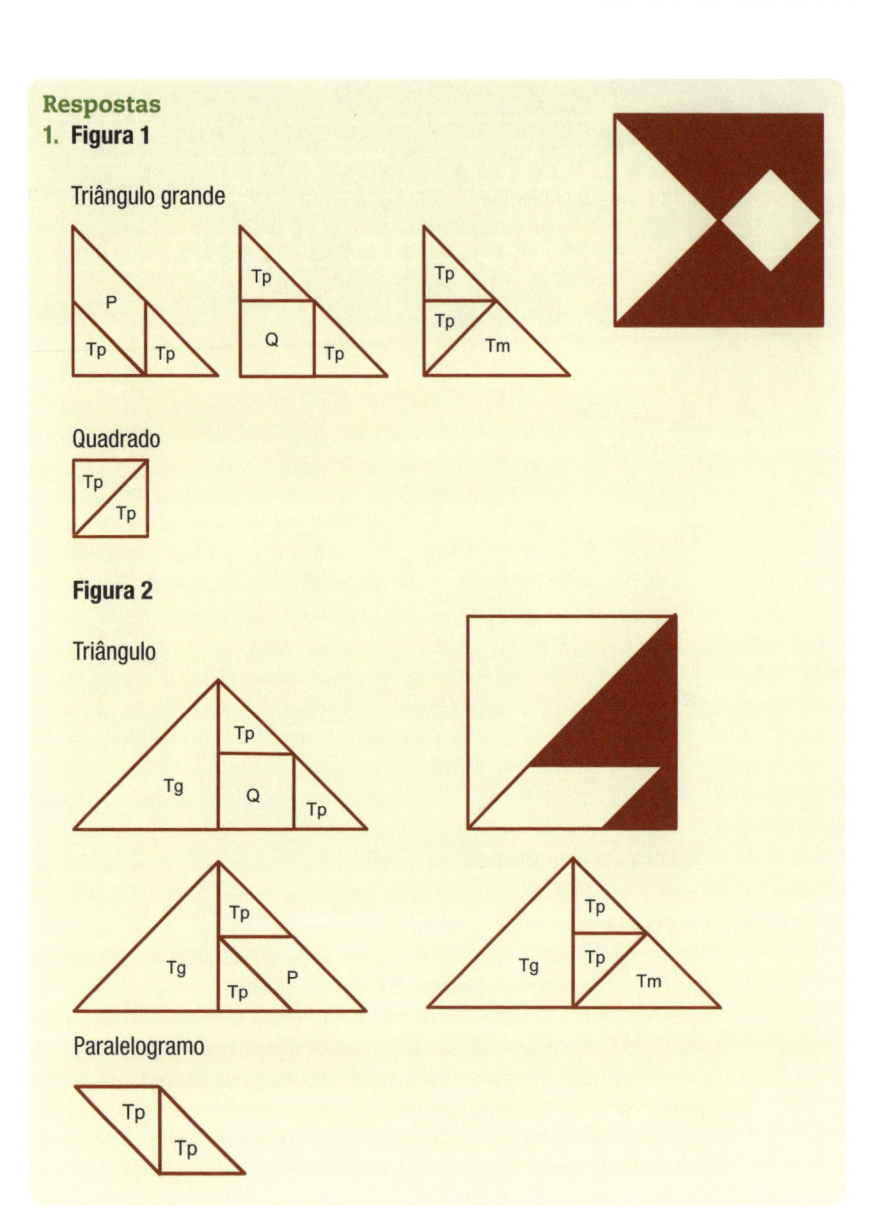

Respostas
1. Figura 1

Triângulo grande

Quadrado

Figura 2

Triângulo

Paralelogramo

ATIVIDADES

1. Usando as peças do Tangram, descubra de quantas maneiras é possível preencher os espaços em branco do Tangram.

Figura 1

Figura 2

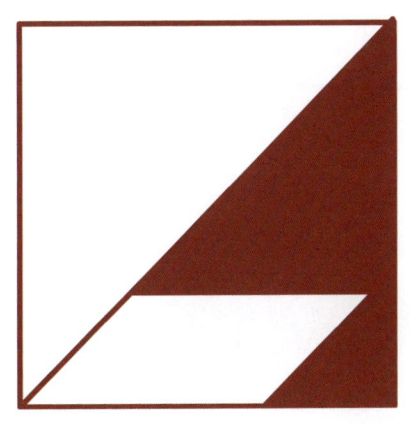

Tangram | 149

1° 2° 3° 4° 5° ANO ESCOLAR

12 Tangram, desafio!

Conteúdos
- Noção de área
- Composição e decomposição de figuras

Objetivos
- Utilizar o número fracionário para medir o espaço ocupado por uma figura a partir de uma unidade de medida não convencional
- Explorar a soma de frações a partir da medida do espaço por uma unidade de medida não convencional

Recursos
- Um Tangram por aluno, folha de papel branco, lápis e folha de atividades da p. 153

Descrição das etapas

- **Etapa 1**

Distribua um Tangram e uma folha de atividades para cada aluno. Peça que realizem a atividade 1 utilizando o quebra-cabeça. Para esta atividade, faz-se necessário o uso do número fracionário, pois a unidade de medida utilizada já não é mais uma das peças do quebra-cabeça e elas não se encaixam perfeitamente na malha, ocupando às vezes meio quadrado ou um quarto do quadrado. Observe se os alunos conseguem dimensionar corretamente a peça na malha para que a medição correta seja possível.

Escolha um representante de cada grupo para apresentar o resultado da medida de uma das peças. Garanta que todas as peças sejam discutidas e faça com os alunos um texto coletivo com as conclusões.

- **Etapa 2**

Desafie os alunos a construírem uma figura diferente a ser medida pelo colega de sua dupla, como solicitado na atividade 2, fazendo uso do conhecimento construído na atividade 1. Veja um exemplo:

Quadrado = $4q + \frac{1}{2}q + \frac{1}{2}q + \frac{1}{2}q + \frac{1}{2}q + \frac{1}{2}q + \frac{1}{2}q + \frac{1}{2}q + \frac{1}{2}q = 8q$

Paralelogramo = $6q + \frac{1}{2}q + \frac{1}{2}q + \frac{1}{2}q + \frac{1}{2}q = 8q$

Triângulo pequeno = $2q + \frac{1}{2}q + \frac{1}{2}q + \frac{1}{2}q + \frac{1}{2}q = 4q$

1 quadrado + 1 paralelogramo + 2 triângulos pequenos = $8q + 8q + 4q + 4q = 24q$

Respostas

1.

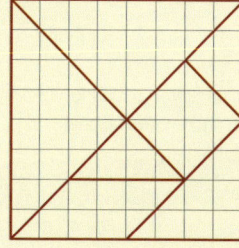

$Tg = 12q + \frac{1}{2}q + \frac{1}{2}q + \frac{1}{2}q + \frac{1}{2}q + \frac{1}{2}q + \frac{1}{2}q + \frac{1}{2}q + \frac{1}{2}q = 16q$

$Tm = 6q + \frac{1}{2}q + \frac{1}{2}q + \frac{1}{2}q + \frac{1}{2}q = 8q$

$Tp = 2q + \frac{1}{2}q + \frac{1}{2}q + \frac{1}{2}q + \frac{1}{2}q = 4q$

$Q = 4q + \frac{1}{2}q + \frac{1}{2}q + \frac{1}{2}q + \frac{1}{2}q + \frac{1}{2}q + \frac{1}{2}q + \frac{1}{2}q + \frac{1}{2}q = 8q$

$P = 6q + \frac{1}{2}q + \frac{1}{2}q + \frac{1}{2}q + \frac{1}{2}q = 8q$

Tangram = $2Tg + Tm + 2Tp + Q + P = 32q + 8q + 8q + 8q + 8q = 64q$

ATIVIDADES

1. Para realizar esta atividade você utilizará como unidade de medida o quadradinho do quadriculado abaixo. Sobreponha cada uma das peças do Tangram no quadriculado e descubra o espaço que ele ocupa em quadradinhos.
Lembre-se:

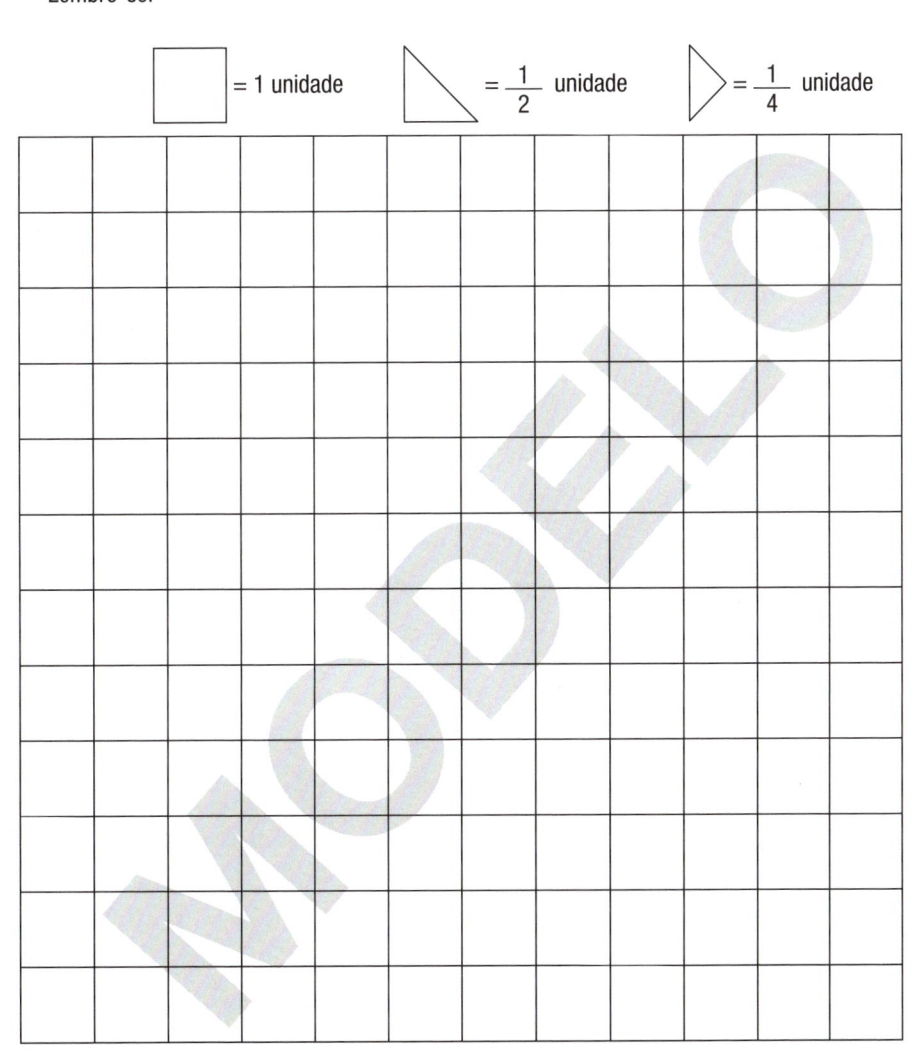

$\square$ = 1 unidade $\triangle$ = $\dfrac{1}{2}$ unidade $\triangleright$ = $\dfrac{1}{4}$ unidade

2. Construa uma figura com as peças de sua escolha e desafie um colega a medir sua figura em quadrados com a malha quadriculada.

Tangram | 153

1º 2º 3º **4º 5º** ANO ESCOLAR

13 Mais polígonos com o Tangram

Conteúdos
- Composição e decomposição de figuras planas
- Identificação e nomeação de polígonos

Objetivos
- Identificar características das figuras geométricas, percebendo semelhanças e diferenças entre elas
- Comparar, classificar e nomear figuras geométricas planas

Recursos
- Um Tangram por aluno, folha de papel branco, lápis e folha de atividades da p. 157

Descrição das etapas

- **Etapa 1**

Distribua para cada aluno um jogo de Tangram e a folha de atividades. Deixe que montem as figuras e façam o que é pedido.
Peça, então, que separem as figuras em dois grupos e também justifiquem os critérios utilizados para fazer essa separação. Na atividade existem pentágonos e hexágonos. É esperado que os alunos formem agrupamentos de acordo com o número de lados dos polígonos. Então dirão que em um dos grupos ficaram as figuras que têm 5 lados e no outro as figuras que têm 6 lados.

- **Etapa 2**

Peça aos alunos que analisem as respostas que deram às questões do item **b** da atividade com palavras de seu próprio vocabulário.
Apresente, então, os termos "penta" e "hexa" em situações conhecidas dos alunos, por exemplo: pentacampeão e hexacampeão, para apresentar a eles os nomes dos polígonos construídos por eles.

fique atento!

Todas as figuras encontradas na folha de atividades podem ser chamadas de polígonos, pois são planas, fechadas, formadas apenas por linhas retas e que não se cruzam. Algumas delas têm 5 lados e são conhecidas como pentágonos, outras têm 6 lados e são chamadas de hexágonos. Não existe um número limitado de lados para os polígonos.

- **Etapa 3**

Faça um fechamento com a classe para definir o que é pentágono e hexágono e solicite que, em uma folha de papel branco, desenhem outros polígonos possíveis com mais de 6 lados. Caso a classe apresente curiosidade pelos nomes dos polígonos, sugira que façam uma pesquisa e montem uma tabela com os nomes e o desenho dos polígonos de acordo com o número de lados.

Veja uma lista dos polígonos mais conhecidos:

Número de lados	Polígono
1	Não existe
2	Não existe
3	Triângulo
4	Quadrilátero
5	Pentágono
6	Hexágono
7	Heptágono
8	Octógono
9	Eneágono
10	Decágono
11	Undecágono
12	Dodecágono
13	Tridecágono
14	Tetradecágono
15	Pentadecágono
16	Hexadecágono
17	Heptadecágono
18	Octodecágono
19	Eneadecágono
20	Icoságono

ATIVIDADES

1. Observe as figuras a seguir e tente montá-las com o Tangram.

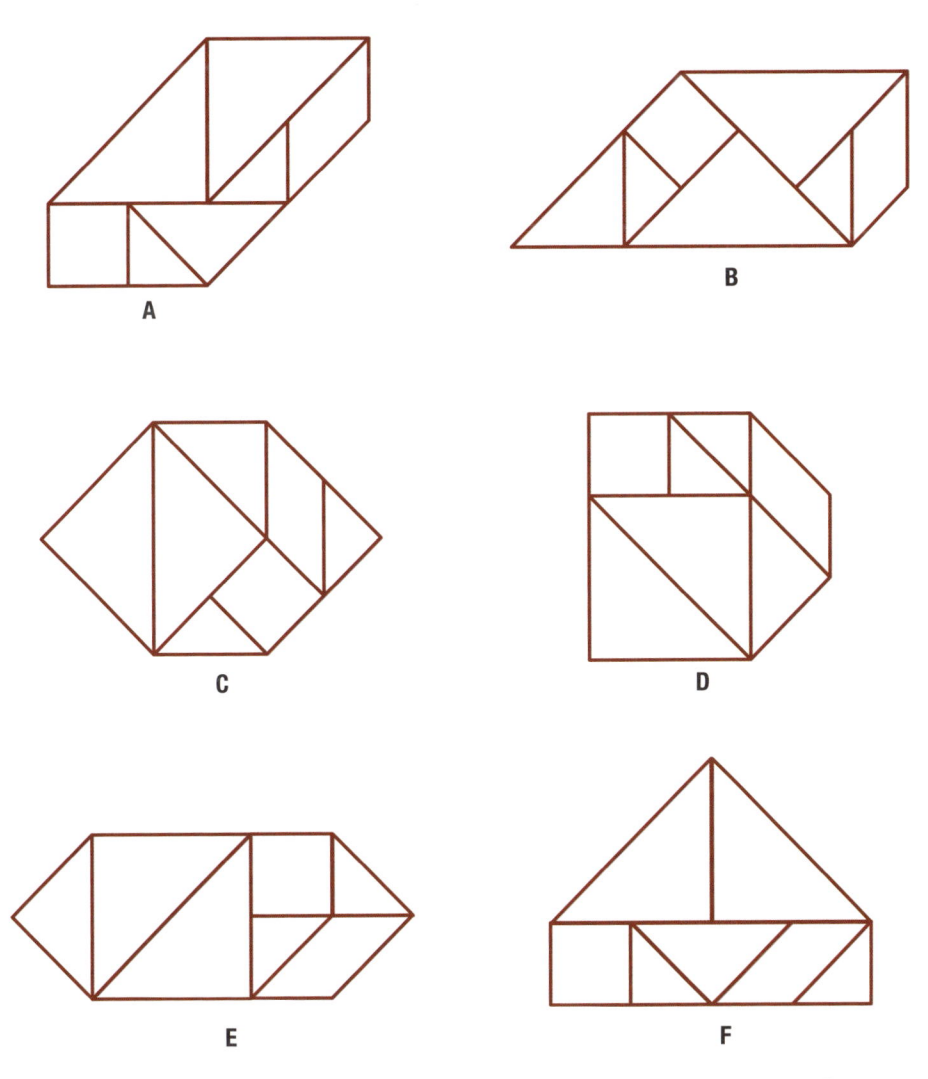

A

B

C

D

E

F

a) Separe as figuras em dois grupos e pense em uma justificativa para a sua separação.

b) Agora, pense e discuta com o seu grupo:
- Essas figuras são polígonos?
- Elas possuem o mesmo número de lados?
- Como chamam os polígonos que possuem 5 lados?
- Como chamam os polígonos que possuem 6 lados?
- Você acha que um polígono pode ter mais de 6 lados? Por quê?

1° 2° 3° 4° 5° ANO ESCOLAR

14 Medindo com o Tangram

Conteúdos
- Noção de área
- Composição e decomposição de figuras

Objetivos
- Utilizar diferentes registros gráficos como recurso para expressar ideias, ajudar a descobrir formas de resolução e comunicar estratégias e resultados
- Utilizar procedimentos e instrumentos de medidas não usuais em função de uma situação-problema específica

Recursos
- Um Tangram por aluno, folha de papel branco, lápis e folha de atividades da p. 161

Descrição das etapas

- **Etapa 1**

Distribua para cada aluno um Tangram e a folha de atividades. Peça que realizem as atividades 1 e 2 utilizando o quebra-cabeça.

Para a atividade 2, proponha aos alunos que, utilizando o triângulo pequeno como unidade de medida, descubram quantos triângulos são necessários para recobrir as figuras.

O triângulo pequeno é, entre as peças do Tangram, a figura mais versátil para a realização desse trabalho, pois com ele é possível recobrir todas as outras peças. Ao estabelecê-lo como unidade de medida, os alunos encontrarão uma única resposta para todas as figuras, pois todas elas são formadas pelas 7 peças do Tangram, que, embora tenham formas diferentes, todas ocupam o mesmo espaço.

- **Etapa 2**

Peça a cada dupla que registre em uma folha de papel branco a solução encontrada para recobrir uma das figuras com triângulos pequenos (pode ser em forma de desenho ou texto) e explique aos demais colegas da classe a estratégia utilizada para chegar a uma conclusão.

Disponha de alguns minutos para que os alunos discutam possíveis dúvidas, deixando-os argumentar. Nesse momento é importante que os próprios alunos respondam às dúvidas dos colegas. Oriente-os quanto ao uso do vocabulário adequado e, por fim, confirme as conclusões corretas.

É possível que os alunos expliquem a solução a que chegaram fazendo divisões das peças em triângulos pequenos. Pode ser que eles relacionem, por exemplo, o quadrado com dois triângulos pequenos, o triângulo grande com quatro triângulos pequenos e assim por diante. A etapa 1 da sequência de atividades "Uma peça forma a outra" pode facilitar o uso dessas relações se feita anteriormente, porém não é essencial para que os alunos resolvam o problema.

Respostas

2. Para qualquer uma das figuras:

Sabendo que 1 Tg = 4 Tp, 2 Tg = 8 Tp.

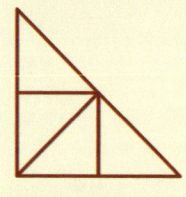

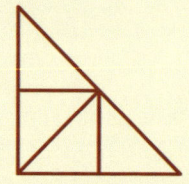

1 Tm = 2 Tp

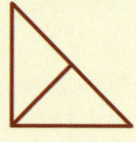

1 Q = 2 Tp

1 P = 2 Tp

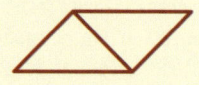

2 Tp = 2 Tp

São necessários 16 triângulos pequenos para cobrir cada figura inteira.

ATIVIDADES

1. Você é capaz de montar algumas dessas figuras?

2. Quantos triângulos pequenos são necessários para cobrir a figura que você montou?

Materiais

Se sua escola não dispõe de materiais manipulativos (mosaico e Tangram) em quantidade suficiente, você pode disponibilizar para cada aluno uma cópia dos moldes que se encontram a seguir. Para que cada aluno tenha o seu próprio material, basta colar as folhas em cartolina e recortá-las.

Para o mosaico, há apenas um molde de cada peça. O *kit* completo, no entanto, deve conter as seguintes quantidades:
- 6 hexágonos;
- 10 trapézios;
- 20 triângulos;
- 15 losangos maiores;
- 15 losangos menores;
- 16 quadrados.

Também se encontram disponibilizadas uma folha de malha pontilhada e uma de papel quadriculado, que podem ser copiadas e distribuídas aos alunos. Todos os moldes estão disponíveis para *download*. Para baixá-los, em www.grupoa.com.br, acesse a página do livro por meio do campo de busca e clique em Área do Professor.

Mosaico

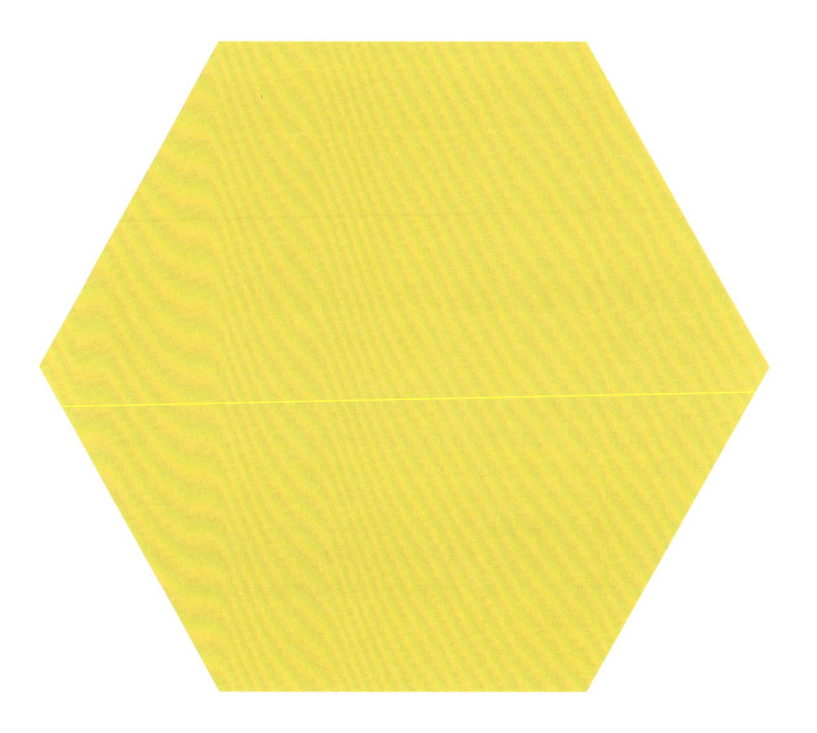

Tangram

Malha pontilhada

Papel quadriculado

Referências

CÂNDIDO, P. Comunicação em matemática. In: SMOLE, K. C. S.; DINIZ, M. I. S. V. (Org.). *Ler, escrever e resolver problemas*: habilidades básicas para aprender matemática. Porto Alegre: Artmed, 2001.

CAVALCANTI, C. Diferentes formas de resolver problemas. In: SMOLE, K. C. S.; DINIZ, M. I. S. V. (Org.). *Ler, escrever e resolver problemas*: habilidades básicas para aprender matemática. Porto Alegre: Artmed, 2001.

COLL, C. (Org.). *Desenvolvimento psicológico e educação*. Porto Alegre: Artmed, 1995. v. 1.

CROWLEY, M. L. O modelo van Hiele de desenvolvimento do pensamento geométrico. In: LINDQUIST, M. M.; SHULTE, A. P. (Org.). *Aprendendo e ensinando geometria*. São Paulo: Atual, 1994.

FROSTIG, M.; HORNE, D. *The Frostig program for development of visual perception*. Chicago: Follet, 1964.

HOFFER, A. R. Geometria é mais que prova. *Mathematics Teacher*, v. 74, n. 1, p. 11-18, 1981.

HOFFER, A. R. *Mathematics Resource Project*: geometry and visualization. Palo Alto: Creative, 1977.

KAMII, C.; DEVRIES, R. *Jogos em grupo na educação infantil*. São Paulo: Trajetória Cultural, 1991.

KISHIMOTO, T. M. (Org.). *Jogo, brinquedo, brincadeira e educação*. São Paulo: Cortez, 2000.

KRULIC, S.; RUDNICK, J. A. Strategy gaming and problem solving: instructional pair whose time has come! *Arithmetic Teacher*, n. 31, p. 26-29, 1983.

LAURO, M. M. *Percepção – Construção – Representação – Concepção*: os quatro processos de ensino da geometria: uma proposta de articulação. São Paulo: USP, 2007.

LÉVY, P. *As tecnologias da inteligência*: o futuro do pensamento na era da informática. Rio de Janeiro: Editora 34, 1993.

MACHADO, N. J. *Matemática e língua materna*: a análise de uma impregnação mútua. São Paulo: Cortez, 1990.

MIORIM, M. A.; FIORENTINI, D. Uma reflexão sobre o uso de materiais concretos e jogos no ensino de Matemática. *Boletim SBEM-SP*, v. 7, p. 5-10, 1990.

QUARANTA, M. E.; WOLMAN, S. Discussões nas aulas de matemática: o que, para que e como se discute. In: PANIZZA, M. (Org.). *Ensinar matemática na educação infantil e nas séries iniciais*: análise e propostas. Porto Alegre: Artmed, 2006.

RIBEIRO, C. Metacognição: um apoio ao processo de aprendizagem. *Psicologia*: Reflexão e Crítica, v. 16, n. 1, p. 109-116, 2003.

SANT'ANNA, N.; NASSER, L. (Coord.). *Geometria segundo a teoria de Van Hiele*. Rio de Janeiro: Instituto de Matemática, 1997.

SMOLE, K. C. S. *A matemática na educação infantil*: a Teoria das Inteligências Múltiplas na prática escolar. Porto Alegre: Artmed, 1996.

SMOLE, K. C. S.; DINIZ, M. I. S. V.; CÂNDIDO, P. *Figuras e formas*. Porto Alegre: Artmed, 2003. v. 3. (Coleção Matemárica de 0 a 6).

LEITURAS RECOMENDADAS

ABRANTES, P. *Avaliação e educação matemática*. Rio de Janeiro: MEM/USU Gepem, 1995.

BERTONI, N. E. A construção do conhecimento sobre número fracionário. *Bolema*, v. 21, n. 31, p. 209-237, 2008.

BRASIL. Ministério da Educação. *SAEB – Sistema Nacional de Avaliação da Educação Básica*. Brasília: MEC, 2003.

BRASIL. Ministério da Educação e do Desporto. Secretaria de Educação Fundamental. *Parâmetros Curriculares Nacionais*. Brasília: MEC/SEF, 1997.

BRIGHT, G. W. et al. (Org.). *Principles and Standards for School Mathematics Navigations Series*. Reston: NCTM, 2004.

BRIZUELA, B. M. *Desenvolvimento matemático na criança*: explorando notações. Porto Alegre: Artmed, 2006.

BUORO, A. B. *Olhos que pintam*: a leitura da imagem e o ensino da arte. São Paulo: Cortez, 2002.

BURRILL, G.; ELLIOTT, P. (Org.). *Thinking and reasoning with data and chance*: Yearbook 2006. Reston: NCTM, 2006.

CARRAHER, T. et al. *Na vida dez, na escola zero*. São Paulo: Cortez, 1988.

CAVALCANTI, C. Diferentes formas de resolver problemas. In: SMOLE, K. C. S.; DINIZ, M. I. S. V. (Org.). *Ler, escrever e resolver problemas*: habilidades básicas para aprender matemática. Porto Alegre: Artmed, 2001.

CLEMENTS, D.; BRIGTH, G. (Org.). *Learning and teaching measurement*: Yearbook 2003. Reston: NCTM, 2003.

COLOMER, T.; CAMPS, A. *Ensinar a ler, ensinar a compreender*. Porto Alegre: Artmed, 2002.

D'AMORE, B. *Epistemologia e didática da matemática*. São Paulo: Escrituras, 2005. (Coleção Ensaios Transversais).

FIORENTINI, D. A didática e a prática de ensino medidas pela investigação sobre a prática. In: ROMANOWSKI, J. P.; MARTINS, P. L. O.; JUNQUEIRA, S. R. (Org.). *Conhecimento local e universal*: pesquisa, didática e ação docente. Curitiba: Champagnat, 2004. v. 1.

GARDNER, H. *Inteligências múltiplas*: a teoria na prática. Porto Alegre: Artmed, 1995.

HUETE, J. C. S.; BRAVO, J. A. F. *O ensino da matemática*: fundamentos teóricos e bases psicopedagógicas. Porto Alegre: Artmed, 2006.

KALEFF, A. M. M. R. *Vendo e entendendo poliedros*. Niterói: Ed. da Universidade Federal Fluminense, 1998.

KAMII, C.; JOSEPH, L. L. *Crianças pequenas continuam reinventando a aritmética*: implicações da teoria de Piaget. 2. ed. Porto Alegre: Artmed, 2004.

KAMII, C.; LEWIS, B. A.; LIVINGSTONE, S. J. Primary arithmetic: children inventing their own produces. *Arithmetic Teacher*, v. 41, n. 4, 1993.

KAMII, C.; LIVINGSTONE, S. J. *Desvendando a aritmética*: implicações da teoria de Piaget. Campinas: Papirus, 1995.

KAUFMAN, A. M. (Org.). *Letras y números*: alternativas didácticas para jardín de infantes y primer ciclo da EGB. Buenos Aires: Santillana, 2000. (Colección Aula XXI).

LAURO, M. M. Discutindo o ensino de geometria: uma proposta para o ensino dos poliedros regulares. *Dialogia*, v. 7, n. 2, p. 177-188, 2008.

LERNER, D.; SADOVSKY, P. O sistema de numeração: um problema didático. In: PARRA, C.; SAIZ, I. *Didática da matemática*: reflexões psicopedagógicas. Porto Alegre: Artmed, 2008.

LÉVY, P. *Intelligence coletive*. Paris: Éditions La Découverte, 1995.

LINDQUIST, M. M.; SHULTE, A. P. (Org.). *Aprendendo e ensinando geometria*. São Paulo: Atual, 1994.

LOPES, M. L. M. L.; NASSER, L. (Coord.). *Geometria na era da imagem e do movimento*. Rio de Janeiro: UFRJ/Projeto Fundão, 1996.

LUNA, S. V. *Planejamento de pesquisa*: uma introdução. São Paulo: EDUC, 2007.

MACHADO, N. J. *Polígonos, centopéias e outros bichos*. São Paulo: Scipione, 2000.

MAGINA, S.; CAMPOS, T. A fração na perspectiva do professor e do aluno das séries iniciais da escolarização brasileira. *Bolema*, v. 21, n. 31, p. 23-40, 2008.

MORENO, B. R. O ensino de número e do sistema de numeração na educação infantil e na 1ª série. In: PANIZZA, M. (Org.). *Ensinar matemática na educação infantil e nas séries iniciais*: análise e propostas. Porto Alegre: Artmed, 2008.

NEVES, I. C. B. et al. *Ler e escrever*: compromisso de todas as áreas. 3. ed. Porto Alegre: Ed. da UFRGS, 2000.

NUNES, T.; BRYANT, P. *Crianças fazendo matemática*. Porto Alegre: Artes Médicas, 1997.

PANIZZA, M. (Org.). *Ensinar matemática na educação infantil e nas séries iniciais*: análise e propostas. Porto Alegre: Artmed, 2006.

PARRA, C.; SAIZ, Irma (Org.). *Didática da matemática*: reflexões psicopedagógicas. Porto Alegre: Artmed, 2001.

PELLANDA, N. M. C.; SCHULÜNZEN, E. T. M.; SCHULÜN-ZEN JR., K. (Org.). *Inclusão digital*: tecendo redes afetivas e cognitivas. Rio de Janeiro: DP&A, 2005.

PIRES, C. M. C.; CURI, E.; CAMPOS, T. M. M. *Espaço & Forma*: a construção de noções geométricas pelas crianças das quatro séries iniciais do ensino fundamental. São Paulo: Proem, 2000.

POZO, J. I. (Org.). *A solução de problemas*: aprender a resolver, resolver para aprender. Porto Alegre: Artmed, 1998.

RAMAL, A. C. *Educação na cibercultura*: hipertextualidade, leitura, escrita e aprendizagem. Porto Alegre: Artmed, 2002.

RHODE, G. M. *Simetria*. São Paulo: Hemus, 1982.

SMOLE, K. C. S. *A matemática na educação infantil*: a Teoria das Inteligências Múltiplas na prática escolar. Porto Alegre: Artmed, 1999.

SMOLE, K. C. S.; DINIZ, M. I. S. V. *Ler, escrever e resolver problemas*: habilidades básicas para aprender matemática. Porto Alegre: Artmed, 2001.

SMOLE, K. C. S.; DINIZ, M. I. S. V.; CÂNDIDO, P. *Jogos de matemática de 1º a 5º ano*. Porto Alegre: Artmed, 2007. (Cadernos do Mathema. Ensino Fundamental, v. 1).

SMOLE, K. C. S. et al. *Era uma vez na matemática*: uma conexão com a literatura infantil. São Paulo: CAEM-IME/USP, 1993. v. 4.

SMOLE, K. C. S. *Brincadeiras infantis nas aulas de matemática*. Porto Alegre: Artmed, 2000. (Coleção Matemática de 0 a 6, v. 1).

SOUZA, E. R. et al. *Matemática das sete peças do Tangram*. São Paulo: CAEM-IME/USP, 1995. v. 7.

VAN DE WALLE, J. A. *A matemática no ensino fundamental*: formação de professores e aplicação na sala de aula. Porto Alegre: Artmed, 2009.

VILA, A.; CALLEJO, M. L. *Matemática para aprender a pensar*: o papel das crenças na resolução de problemas. Porto Alegre: Artmed, 2006.

VILLELLA, J. *Uno, dos, tres... Geometría otra vez*. Buenos Aires: Aique, 2001.

Índice de atividades
(ordenadas por ano escolar)

1º/2º anos

- Qual é a figura? (identificação de figuras planas) 47

1º/5º anos

- Conhecendo o geoplano (identificação de figuras planas) 43
- Explorando as peças 83
- Decomposição de hexágonos e trapézios 87
- Quadradinhos e quadradões (lados, vértices e ângulos em quadrados) 95
- Caminhos do rei (simetria de reflexão) 101
- Conhecendo o Tangram (identificação de figuras planas) 115
- O quadrado das sete peças (composição e comparação de polígonos) 119
- Uma peça forma a outra (composição e comparação de polígonos) . 121

2º/3º anos

- Formando figuras (construção e composição de polígonos) 49
- Um Tangram de triângulos (composição de figuras) 123

2º/5º anos

- Descobrindo lados de figuras 127
- Quadriláteros com o Tangram (identificação e construção de quadriláteros) 129
- Uma composição de polígonos (criação de polígonos) 133

Índice de atividades | 175

3º/5º anos

- Completando figuras (simetria de reflexão) 53
- Construindo no geoplano I (comparação e medidas em polígonos).... 57
- Construindo no geoplano II (composição de figuras)...................... 61
- Figuras simétricas (construção de figuras simétricas) 63
- Preenchendo silhuetas (composição de polígonos) 89
- Os quadriláteros (lados, vértices e ângulos em quadriláteros) 93
- Completando (simetria em polígonos)... 109
- Formando polígonos com o Tangram (conceito de polígono) 135

4º/5º anos

- Criando figuras I (ângulos e paralelismo)....................................... 67
- Comparando tamanhos (noções de área e de perímetro) 69
- Completando a simetria (simetria de reflexão) 73
- Compondo figuras (lados, vértices e ângulos em polígonos) 97
- Quantos eixos de simetria cada peça tem? (eixos de simetria em polígonos)..105
- As diagonais dos polígonos... 139
- Desafio dos polígonos (nomeação e identificação de polígonos)........ 143
- Preenchendo os espaços do Tangram (noção de área).................... 147
- Tangram, desafio! (noção de área e adição de frações) 151
- Mais polígonos com o Tangram (nomeação e construção de polígonos).. 155
- Medindo com o Tangram (noção de área) 159

5º ano

- Criando figuras II (ângulos, paralelismo e simetria)......................... 77